괴짜 학생 테후 와 전 구글 재팬 회장의 흥미로운 대화!

창의력을
만드는 방법

테후 · 무라카미 노리오 저
(사)한국창의정보문화학회 역

사이언스주니어

SUPER IT KOUKOUSEI "Tehu" TO KANGAERU SOUZOURYOKU NO TSUKURIKATA
ⓒTehu, Norio Murakami 2013
Edited by KADOKAWA SHOTEN
Fist published in Japan in 2013 by KADOKAWA CORPORATION., Tokyo.
Korean translation rights arranged with KADOKAWA CORPORATION., Tokyo.
throught Shinwon Agency Co.

머리말

테후 군과 나는 심포지엄 회장에서 마주치거나 인터넷상에서 인사를 나누는 관계였다. 그러던 것이 지금은 이렇게 둘이 만나 대담하는 사이가 되었다.

내가 본 테후 군은 파격을 시도하는 전도유망한 청년이다.

나는 예순여섯, 테후 군은 열일곱. 나이 차는 크다. 이제껏 겪어온 경험과 보아온 세계도 다르다. 이 모든 차이를 뛰어넘어, 앞길이 창창한 테후 군에게 무언가를 전해주고 싶은 마음이 들었다.

이를테면 인생에 대한 무언가를.

비단 테후 군에게만 하려는 이야기는 아니다. 나는 인생은 '맛보는' 것이라고 생각한다.

살다 보면 예기치 못한 갖가지 상황이 발생하는데 그것들을 오롯이 맛보는 일이야말로 인생의 낙이다. 젊은이에게는 현실성 없는 소리일지도 모르겠으나 태어난 사람은 반드시 죽는다. 죽기 전에 인생을 돌아보면 즐거운 기억도 있고, 괴로운 기억도 있을 것이다. 모름지기 인생은 되도록 파란만장한 편이 재미있다. 그저 평온하게만 걸어온 인생은 맛이 없다. 임종을 앞두고 돌이켜보니 큰 잘못 없이 살았을지언정 무료한 인생이었다는 감회가 인다면 만족스러울 리 없다.

나는 대학에 진학하고자 오이타의 벽촌을 벗어나 교토로 갔다. 나중에는 아예 일본을 떠나 보스턴에서 생활하다가 다시 일본으로 돌아와 도쿄를 거쳐 지금은 교토에서 지낸다. 이렇듯 오이타를 떠난 이래 줄곧 기나긴 여행을 하고 있어서인지 더욱 그런 생각이 든다.

이 책에 실린 테후 군과 나의 대담은 21세기 일본에서 중요시되는 문제를 주제로 한다. 내 전문 분야이기도 한 IT를 비롯하여 바야흐로 그 중심에 테후 군이 있고, 나 또한 관심이 많은 교육, 거센 글로벌화의 파도에 맞서 살아남기 위해 나날이 필요성이 강조되는 영어가 그것이다.

우리는 나이도 경험도 입장도 다르다. 그렇지만 함께 인생을 활기차게 살아나가며 이 세계를 조금이라도 더 좋은 곳으로 만들고 싶다는 바람은 같다. 이를 전제로 나는 테후 군과 테후 군 못지않게 장래가 촉망되는 젊은이들에게 전하고 싶은 이야기를 들려줄 작정이다.

우리가 나눈 대화를 읽으면서 '나라면 어떤 의견을 낼지' 꼭 생각해 주시기를 바란다. 앞으로 다가오는 세계를 만들어갈 주체는 지금을 사는 우리 한 사람 한 사람이니까.

무라카미 노리오

역자 서문

 이 책은 세대 차이가 큰 두 명의 주인공이 대담한 내용을 중심으로 구성되어 있다.

 주인공 중 한 명은 열일곱 살의 전도유망한 고등학생이고, 또 다른 한 명은 정보통신기술Information and Communication : ICT 분야에서 산전수전 다 겪은 예순여섯 살의 노인이다.

 언뜻 보기에는 "두 사람 간에 의미 있는 대화가 가능할까?"하는 의문을 가질 수도 있다. 그러나 그 내용을 살펴보면 현재 우리나라는 물론 전 세계적으로 그 관심이 집중되고 있는 ICT 분야의 다양한 이슈를 실감나고 통찰력 있게 이야기 하고 있다. 그 이유는 무엇일까?

 첫 번째 주인공인 '태후'는 부모님 나라인 중국 국적을 가졌으나, 일본에서 태어나 일본식 교육을 받았으며, 유창한 영어를 구사할 수 있는 슈퍼 IT 고등학생이다. '태후'가 슈퍼 고등학생으로 불리는 이유는 그가 중학생 때 180만 건 이상의 다운로드를 기록한 '건강계산기' 앱을 개발하였으며, 인터넷 개인 방송 서비스인 '유스트림' 플랫폼을 이용하여 영어로 진행된 애플사의 신제품 발표회 내용을 일본어로 실시간 통역 방송한 〈태후의 올 라이트 니혼〉이라는 서비스가 선풍적인 인기를 얻었기 때문이다. 결과적으로 '태후'는 동 세대의 어린 학생들이 경험하기 힘든 탁월한 성취를 ICT 분야에서 이미 이루었다.

두 번째 주인공인 '무라카미 노리오'는 전형적인 일본의 시골인 오이타에서 태어나 대학 진학을 위해 교토로 이주한 후 미국 보스턴에서 유학 생활을 하고 귀국한 일본 ICT 분야의 선구자 중 한 사람이다. 얼마 전까지 미국 구글 본사의 부사장 겸 일본법인의 사장을 역임하기도 하였다. 일본과 미국의 교육 시스템은 물론이고, ICT 분야에서 양국의 문화적 차이점까지도 꿰뚫어 볼 수 있는 통찰력을 지닌 사람이다.

독자들은 이 책을 읽으면서 두 사람이 살아온 시대적 배경과 그 깊이에는 큰 차이가 있으나, ICT 분야에서 그들이 느끼고 고민하는 것에는 상당한 공통점이 있다는 것을 발견할 수 있을 것이다. 그뿐만 아니라 일본의 미래를 짊어지고 가야 할 21세기 학생들에게 그들은 어떻게 해야 ICT 분야에서 창의적 사고를 할 수 있으며, 이를 통하여 경쟁력을 기를 수 있는가에 대하여 제시한 내용을 확인할 수 있을 것이다.

현재 우리가 살아가고 있는 시대를 'ICT 생활밀착형사회'라고 한다. ICT의 도움 없이 살아가기 힘든 사회이기 때문일 것이다. ICT는 이제 우리 생활의 '공기'와 같은 존재가 되었다.

우리나라를 흔히 'ICT 강국'이라 한다. 언뜻 듣기에는 매우 기분 좋은 소리이다. 그러나 그 실상을 들여다보면 마냥 좋아만 할 수 있는 상황은 아니다. ICT 분야에서 차지하는 비중이 가장 큰 SW 영역의 경우 그 내용은 초라하기 그지없다. 그래서 2014년 7월 대한민국 정부는 'SW 중심사회'를 선언하였고, 이를 실현하고자 하는 다양한 실천 전략을 제시하고 있다.

우리나라가 성공적으로 'SW 중심사회'에 진입하고, 세계시장에서 창의적인 ICT 제품을 지속적으로 생산하여 명실상부한 "ICT 강국' 또는 'SW 강국'이 되기 위해서는 무엇을 해야 할 것인가?

가장 중요한 준비 사항 중 하나는 학교와 가정교육이다. 학교교육 중심의 공교육 시스템에서 실천할 것들과 각 가정의 교육 측면에서 준비하고 실천할 내용은 과연 무엇인가? 이에 대한 해답 중 상당 부분이 이 책에 수록되어 있다. ICT 분야의 뛰어난 통찰력을 소유한 할아버지와 탁월한 성취를 경험한 미래 세대의 대담이기 때문에 더 진솔하고 가슴에 와 닿는 내용으로 다가올 것이다. 일본과 미국의 내용을 중심으로 대담은 전개되지만, 그 내용은 우리에게도 적용되는 내용이 대부분이다.

이 책을 읽는 독자들이 그 내용을 발견하고 적용하여, 대한민국 미래 세대들이 ICT 분야에서 창의성을 발휘하여 세계시장을 선도할 수 있기를 기대해 본다.

2015년 4월
(사)한국창의정보문화학회장 이재호

CONTENTS

제3장 | 테후의 생각
'슈퍼 중학생' 풍운록 1 : 내 인생을 바꾼 아이폰 앱

제4장 | 대담
진정한 능력은 어떻게 길러지나? : 미국과 일본의 엘리트 교육 차이

제5장 | 테후의 생각
'슈퍼 중학생' 풍운록 2 : 유스트림과 SNS가 확장한 네트워크

제6장 | 대담
21세기의 생존 수단 : 왜 영어가 필요한가?

제7장 | 대담
진로 상담 : 추구하는 일이 미국에 있을까?

제8장 | 테후의 생각
결단 : 나는 사람의 마음을 움직이는 작품을 만든다

| 테후의 생각 |

디지털과 아날로그의 틈새에서 바라본 IT

시대가 낳은 슈퍼 중학생

중학생 때 만든 '건강 계산기'라는 애플리케이션이하 앱의 다운로드 건수가 앱스토어 종합 부문 세계 제3위를 기록한 덕분에 저는 '슈퍼 중학생'이라는 별칭을 얻었습니다.

'건강 계산기'는 키와 몸무게를 입력하면 비만도와 관련된 BMI체질량지수를 알려주는 앱입니다. 이 앱은 저도 놀랄 만큼 큰 반향을 불러일으켜서 현재는 다운로드 건수가 180만 회를 넘어섰습니다.

사실 앱 제작은 저에게 그리 특별한 작업은 아니었습니다. 두 살 때부터 아버지 컴퓨터를 만지며 놀았기 때문에 오히려 자연스러운 일이었지요.

요즈음 초등학생을 보면 IT를 누리는 방식이 저희 세대와도 다른 것 같습니다.

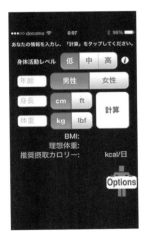

15

저는 메모용 앱인 에버노트의 일본법인 회장이신 호카무라 히토시씨* 댁을 방문한 적이 있습니다. 자제분이 셋이고, 아이패드가 세 대 있었습니다. 자택 서버를 가지고 아이패드를 이용해 애니메이션을 보거나 게임을 하는 식이었지요. 서버에 데이터를 보존해 두어 아이들이 애니메이션이나 게임을 스스로 골라서 놀고 있었습니다. 세 아이가 저마다 아이패드를 들고 집 안을 돌아다니는 모습을 보며 저는 세대차이를 느꼈습니다.

앞으로는 중학생이 앱을 만들어 히트시킨다고 해도 화제에 오르지는 않겠지요. 앱을 만드는 중학생이 많아지면 그중에서 돋보이기는 꽤나 어려울 겁니다. 저희 때처럼 앱 하나만 만들어도 슈퍼다 뭐다 하고 불러주던 시대는 끝났습니다.

이미 초등학생과 중학생을 50명 정도 모아 캠프를 열고 그곳에서 다 같이 앱을 만들기도 하니까요. 그건 정말이지 눈이 휘둥그레지는 광경이었습니다.

★ 호카무라 히토시(外村仁, 1963~) : 에버노트의 일본법인 회장. 도쿄 대학교 졸업 후 스위스 국제경영대학원에서 MBA 취득. 미국 대형 컨설팅 회사를 거쳐 애플컴퓨터 · 재팬의 마케팅 담당이 되었다.

창의력을 만드는 방법

아날로그 세대와 디지털 네이티브 세대

저는 중학교 시절부터 유스트림*을 통해 〈올 나이트 니혼〉이라는 인터넷 방송을 해왔습니다. 애플의 신제품 발표회를 일본어로 동시통역하면서 해설을 덧붙이는 방송이지요.

앱도 만들고 유스트림 방송도 하다 보니 IT에 푹 빠져 생활하는 사람처럼 보이기 십상이지만, 실제 저는 의외로 IT 만능주의자도 IT 마니아도 아닙니다. 인간이 있어야 IT가 있다. 이 전제를 잊어서는 안 된다고 생각하거든요.

IT 사용에도 균형 감각이 필요합니다. 제 마음속에는 인간의 생활이 IT 쪽으로만 기운다면 머지않아 인류가 멸망할지도 모른다는 불안이 있습니다. 〈매트릭스〉 같은 영화를 보기만 해도 무서워요. 인공지능이 인간을 정복한다고 상상하면 등골이 오싹합니다.

그런 의미에서 IT에 비판적인 아날로그 세대의 의견에도 귀를 기울여야 한다고 봅니다. 저는 아날로그 세대를 싸잡아 부인하고 싶지도 않을뿐더러 그들이 브레이크 역할을 맡아 주면 고맙겠다고 생각합니다.

오직 디지털 세대만 남게 될 때가 두렵습니다. 저 자신이 디지털 세대이기에 장담하는바 그런 세상은 폭주하기 마련입니다. 저는 거의 모든 세대가 '디지털 네이티브native'가 되는 사오십 년 뒤의 사회가 걱정스럽

★ 유스트림(Ustream) : 영상 공유 서비스. 본디 이라크 파병 병사와 가족 간의 소통 수단으로 사용되었으나 2007년부터 일반인용 서비스를 개시하여 소프트뱅크와 함께 일본어판을 제공하고 있다.

습니다. 사회 구성원 대부분이 유년 시절부터 컴퓨터를 만져온 세대이기 때문입니다. 저희 세대가 오륙십 대에 접어들어 사회를 이끄는 역할을 맡았을 때 IT 만능주의가 만연한 상태라면 크나큰 위험이 따를 것입니다. IT에 관한 제 사고방식은 보수적입니다. IT를 표현 수단으로 이용하는 한 사람으로서, 사회가 흘러가는 대로 무분별하게 IT를 수용하지 않기로 마음먹었거든요.

앱과 소프트웨어를 개발하는 사람들 중에는 저처럼 생각하는 이가 많을지도 모릅니다. 앱을 만들려면 IT를 냉정한 시각으로 보아야 하고, 제작한 앱이 사회에 어떤 영향을 미칠지도 마땅히 고려해야 하니까요.

인간은 아날로그적인 존재입니다. 이 세계도 마찬가지고요. 세계는 결코 디지털적이지 않습니다. IT는 아날로그적인 세계를 0과 1이라는 디지털 신호로 바꾸기를 꿈꾸며 진화하고 있습니다. 하지만 디지털이 아날로그를 완전히 뒤덮어 버리면 세계의 본질이 흐려집니다. 인간 사회뿐 아니라 이 지구가, 우주 전체가 보이지 않게 됩니다. 그야말로 위험천만한 세상이지요.

이런 거창한 이유가 아니더라도 저는 일상에서 아날로그의 매력을 느끼는 사람입니다. 예를 들어 애플이 아무리 아이튠즈 스토어에서 음악을 사면 간편하다고 말해도 저는 CD를 삽니다. 어쩌면 다소 시대에 뒤떨어진 사람인지도 모르겠군요.

왜 다운로드를 마다하고 CD를 가지고 싶어 하는가. 그 이유는 CD가 '물체'이기 때문입니다. 똑같은 이유로 책도 전자책보다 종이책을 선호합니다. 책은 태블릿 화면이 아니라 종이 책장을 넘기며 읽고 싶거든요.

제 생각에도 아날로그적인 정서가 있어 손닿는 곳에 '물건'이 없으면 산 것 같지가 않습니다. 통 만족스럽지가 않다고 할까. 그래서 소프트웨어를 구입할 때도 기본적으로 다운로드판은 사지 않습니다. 품이며 돈이 더 들어도 패키지판을 삽니다.

앱은 예외입니다. 아쉽지만 어쩔 수가 없어요. 앱을 각각 패키지화하려면 비용이 터무니없이 드는 데다 애초부터 패키지판 없이 생겨난 문화이니까요.

다만, 다운로드판과 패키지판이 모두 있는 게임은 비싸더라도 패키지판을 삽니다. 모르긴 몰라도 저 같은 사람은 저희 세대에도 결코 적잖을 겁니다. 어쩌면 저희 세대는 그나마 아직 인생에서 디지털이냐 아날로그냐를 선택할 수 있는 사치스러운 세대인지도 모르겠네요.

문맹률에 빗대어 보자면 저희 세대의 'IT맹률'은 30%쯤입니다. 다시 말해 적어도 70%는 IT를 이용합니다. 같은 세대인데도 디지털 숭배주의에 치우친 사람이 있는가 하면 아예 무관심한 사람도 있어요. 관심이 없는 사람들도 대개 스마트폰은 사용합니다. 하지만 지금 유치원생인 아이들이 사회로 나올 무렵에는 필시 95% 내지 100%에 가까운 사람들이 으레 IT를 사용하겠지요.

아날로그 세대가 무엇을 하든 디지털 기술이 후퇴할 리는 없으니, 아이들이 디지털과 무관하게 살아가기란 불가능합니다. 디지털이 주는 편리함을 알고 나면 예전으로 돌아갈 수 없거든요. 일단 한 번 편한 생활에 익숙해지면 원래대로 돌아가지 못하는 거나 마찬가지입니다. 어린 시절부터 지나치게 디지털에 맛을 들이면 어지간하지 않고는 디지털을 과신하게 됩니다. 디지털 기술만 있으면 무엇이든 할 수 있다고 믿는 아이들이 자라나는 것입니다.

아이들 교육에 IT를 얼마나 활용할지는 아이를 키우는 부모가 판단할 수밖에 없습니다.

같은 놀이라고 해도 나무블록 쌓기와 아이패드용 퍼즐 맞추기는 전혀 다릅니다. 아이패드 액정에 비치는 2차원 세계만으로는 3차원적인 사고력을 키울 수 없어요. 그래서 저는 아이패드를 교과서로 활용하는 방안은 찬성하지만, 미취학 아동의 교육에까지 이용하자는 의견은 반대합니다. 기초 교육은 3차원적인 사고력과 입체감을 어떻게 이해하고 감성을 기르느냐가 중요하므로 태블릿은 적합하지 않습니다. 그 차이에 대한 고민은 어른이 감당할 몫이겠지요.

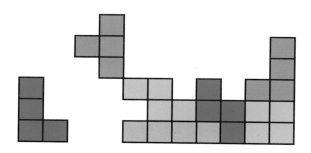

창의력을 만드는 방법

IT라는 도구를 어떻게 사용할까

　IT는 사용 방법에 따라 가치가 달라집니다. IT는 도구이고, 도구를 선택하는 쪽은 인간이니, 그야말로 쓰기 나름이지요.

　앞서 말씀드렸다시피 저는 유아 교육은 아날로그 방식이 낫다고 봅니다. 반면 선거에는 적극적으로 도입해야 합니다. 선거를 활성화하여 민의를 반영하려면 필시 IT를 사용하지 않을 수 없을 텐데, 왜 도입하지 않는지 그저 불가사의할 따름입니다.

　생활 속에서 어떻게 IT를 구현할 것인가, 이것이야말로 장차 연구해야 할 과제입니다. 저도 늘 IT를 어디에 활용하면 좋을지 궁리하곤 합니다. 이미 세계 어느 국가에선가 사용하고 있는 방식이 아닌, 'IT를 이렇게도 쓰는구나!' 하고 감탄할 만한 활용법을 발견하고 싶기 때문입니다. IT 분야에는 알아내면 할 수 있지만 아직 누구도 생각해내지 못한 발상이 있습니다. 그것을 찾아 실현해야 할 주인공은 IT를 손과 발처럼 다루는 저희 세대일 터입니다.

　물론 간단한 일은 아닙니다. 어떤 발상이 구체적으로 떠오른다면 그건 누군가가 벌써 시작한 사업일 테니까요.(웃음) 뜻밖의 장소에서 IT를 쓸 수 있으면 좋겠는데 그 장소를 발견하기가 여간 어렵지 않습니다. IT가 기술적으로 확립된 지 50년, 세상에 스며든 지 약 20년이 지난 만큼 이제 IT도 안정 성장 시대로 진입했다는 말이 나오는 실정이니까요.

　저처럼 IT의 새로운 쓰임새를 찾으려는 사람은 아직 수가 적습니다. 정치에 IT를 도입하자는 주장은 10년 전이라면 참신했겠지만 지금은 별다른 매력이 없습니다. 다른 부분에서 IT가 쓸모를 발휘할 곳이 분명 있다고 확신합니다.

가령 일본 전통문화와 IT는 흡사 물과 기름처럼 보이지만 최근 등장한 팀랩*은 이 둘을 하나로 만들었습니다. 그들은 수묵화와 IT를 융합한 작품을 제작해서 세계적인 평가를 얻었지요. 이처럼 저는 더욱 새롭고 색다른 조합이 나오기를 희망합니다.

더 성장할 가능성이 없는 인터넷

IT 중에서도 우리 생활에 가장 큰 영향을 미친 기술은 인터넷이겠지요.

인터넷의 등장은 말 그대로 혁명이었습니다. 하지만 등장한 지 15년 이상 지나버린 지금은 인터넷이 지닌 가능성도 전부 개척됐다는 느낌이 들어요. 인터넷과 상극인 소셜 네트워크 서비스SNS, Social Network Service 의 등장이 그 증거라고 봅니다. SNS는 계속 확장해온 네트워크를 한정적으로 소통하는 관계망에 이용하려는 것이니까요.

최근 트렌드는 클라우드** 컴퓨팅입니다. 너도나도 '클라우드, 클라우드' 하는 분위기인데 사실 클라우드 컴퓨팅도 인터넷의 연장 선상에

★ 팀랩(teamLap) : 사업과 예술 작품 제작을 병행하는 울트라 테크놀로지스트 집단. 유럽 최대의 버추얼 리얼리티 전람회 '라발 버추얼(Labal Virtual) 2012'에서 〈세계는 이토록 다정하고, 아름답다〉로 '건축 · 예술 · 문화상'을 수상했다.
★★ 클라우드 컴퓨팅(Cloud Computing) : 데이터의 축적과 고속 처리를 외부 컴퓨터로 수행하고, 네트워크를 경유해 개인 컴퓨터나 태블릿, 스마트폰 등에서 활용하는 서비스.

창의력을 만드는 방법

서 필연적으로 나타난 것인지라 뜻밖의 출현은 아닙니다. 상정된 범위 내에서 등장한 만큼 그것 자체로 혁명적이지는 않지요.

IT 역사를 돌아보면 크게 두 가지 혁명이 있습니다. 하나는 그래픽 사용자 인터페이스GUI가 등장하여 컴퓨터의 직감적인 조작이 가능해지면서 전문가가 아닌 사람도 컴퓨터를 사용할 수 있게 된 일입니다. 다른하나는 인터넷을 기반으로 전 세계 컴퓨터의 네트워크화가 가능해진일이고요. 과연 세 번째 혁명은 무엇일까요? 어쩌면 이 책에서 무라카미 선생님이 말씀하시는 인공지능이 그 주인공일 수도 있습니다. 저로서는 아직 잘 모르겠지만요.

물론 인공지능도 우리 생활을 크게 바꿀 가능성이 있습니다. 인공지능이 어떤 일을 할 수 있을지 대강 눈에 보이기도 하고요. 다음 문제는예상을 기술로 따라잡느냐 못 따라잡느냐 하는 정도겠지요. 이렇게 생각하면 역시 막 인터넷이 등장했을 때처럼 무한한 가능성이 펼쳐질 것같지는 않습니다.

잡스 사망과 애플의 미래

애플 공동 창업자의 한 사람이자 참신한 제품을 세상에 배출한 고故 스티브 잡스*는 제 동경의 대상이었습니다. 존경심을 품은 한편으로 냉정하게 바라본 측면도 있지만요.

잡스가 사망했을 때도 저는 의외로 냉정했습니다. '아, 한 시대가 끝났구나. 이제 어떻게 되려나.' 하고 다음 일을 생각했을 정도로요. 애플마니아 중에는 충격을 받아 상복을 입는 사람까지 있었습니다. 저는 그런 사람들과는 달랐어요. 원래 어린 시절부터 그다지 골몰하지 않는 성격이라 무슨 일이든 객관적으로 보는 경향이 있거든요.

잡스가 떠난 이후에도 애플은 그럭저럭 분발하고 있습니다. 제 짐작보다는 나았어요. 다만, 이전에 스콧 포스톨**이 그만둔다는 말이 나오면서, 그간 잡스의 독재적 경영으로 간신히 유지해온 질서가 서서히 붕괴되고 있다는 점이 명확해졌으니 장차 어떻게 될지 모르겠습니다. 10년 후에도 애플이 있을까요? 저는 정말 모르겠어요.

잡스가 사라졌으므로 애플은 확실히 변할 겁니다. 모리타 아키오*가 있던 소니와 사라진 소니가 전혀 다른 회사인 것과 마찬가지입니다. 일

★ 스티브 잡스(Steve Jobs, 1955~2011) : 애플의 전 최고경영자(CEO). 스티브 워즈니악과 함께 애플을 설립. 애플에서 한 차례 퇴진을 당했으나 픽사 애니메이션 스튜디오를 성공시키고 다시 애플로 돌아왔다. 이후 아이맥과 아이팟을 비롯한 히트 상품을 연달아 출시하며 2011년에는 애플의 시가총액을 세계 제일로 이끌었다.

★★ 스콧 포스톨(Scott Forstall, 1968~) : 애플 아이오에스(iOS)의 전 부사장. 스탠퍼드 대학교에서 기호시스템 학사와 컴퓨터과학 석사 학위 취득.

　　　　　　　　　　　　　　　　창의력을 만드는 방법

본의 명문 기업은 1 세대가 굉장했어요. 파나소닉도 창업자 마쓰시타 고노스케는 대단했지만, 지금은 빈말이라도 잘 나간다고는 못 하잖아요.

애플의 앞날은 어떻게 될까요? 저로서는 그저 '힘을 내세요.'라고만 말할 수밖에 없네요. 유스트림에서 신제품 발표회를 실시간으로 전하는 〈올 나이트 니혼〉은 봐주시는 팬이 있는 한 계속할 생각입니다. 하지만 제가 지금껏 해 온 방송의 녹화 영상을 전부 훑어보니 최근 들어 뚜렷하게 긴장감이 떨어졌더군요. 그건 역시 제가 애플을 객관적으로 보게 되었기 때문이겠지요.

게다가 애플이 예전 같지 않기도 하고요. 초기 아이폰 이후 애플에서는 예상을 뛰어넘는 제품이 나오지 않았습니다. 발표회에서 '세상에!'라는 감탄사가 사라져 버렸어요.

애플은 아이폰을 출시한 2007년부터 5년간, 신선한 충격으로 감동을

★ 모리타 아키오(盛田昭夫, 1921~1999) : 오사카 대학교 물리학과 졸업. 이부카 마사루와 함께 소니의 전신인 도쿄통신공업주식회사 설립. 트랜지스터라디오, 트리니트론 텔레비전, 워크맨 등을 히트시키며 소니를 세계적인 기업으로 키웠다.

주는 제품은 내놓지 못했습니다.

'애플은 혁명적인 제품을 내놓는 회사'라는 인상이 공고한 만큼 사람들이 저마다 새 제품에 대한 기대를 망상 수준으로 부풀리기 때문에 그걸 깨부술 만한 제품을 만들기가 어렵기도 하겠고요.

잡스의 뒤를 이은 팀 쿡*은 유통의 천재라고 불리는데, 시간이 흘러 팀 쿡마저 사라진다면 애플이 어떻게 될지 걱정스럽습니다. 그때는 정말 위험하지 않을까요.

잡스가 건재하던 시절의 애플에는 상품을 제작하는 천재와 그것을 널리 유통하는 천재가 공존했습니다. 지금은 한 천재를 잃었지요. 아직 남은 아이디어와 산하의 우수한 인재들이 있어 이럭저럭 해나가고 있지만, 현 상황에서 나머지 천재까지 잃는다면 큰일입니다. 두 천재의 공백을 극복할 인재가 반드시 나타난다는 보장은 없으니까요.

★ 팀 쿡(Timothy Cook, 1960~) : 애플의 현 최고경영자. 오번 대학교 산업공학 학사와 듀크 대학교 경영대학원 석사학위를 각각 취득. 아이비엠(IBM)과 컴팩컴퓨터(컴팩)를 거쳐 애플에 입사했다.

창의력을 만드는 방법

CHAPTER

| 대담 |

굿바이, 스티브 잡스 :
IT의 과거 · 현재 · 미래

왜 일본에는 잡스가 나타나지 않을까

테후   무라카미 선생님과 대담을 나누게 되어 무척 떨립니다. 저는 꽤 오래전부터, 그러니까 제가 막 아이폰을 손에 쥐었을 무렵부터 선생님에 대해 알고 있었습니다.

정확히는 2008년 개최된 구글 개발자를 위한 교류 이벤트인 '구글 개발자의 날Google Developer Day 2008 Japan' 행사장에서, 구글 미국 본사 부사장 겸 일본법인 대표이사 사장이신 무라카미 선생님의 모습을 뵈었지요.

무라카미   요코하마에서 진행했던 행사였던가?

테후   예. 2011년 이벤트 현장에서는 기조연설하시는 모습을 영상으로만 뵀거든요.

그 즈음에는 선생님의 트위터 계정도 팔로우했습니다. 선생님께서 트위터에 다양한 링크를 척척 올려주셔서 공부하는 마음으로 보고 있지요. 저술하신 책도 읽는 중이고요.

개인적으로 저는 선생님께서 보통 사람들과 다른 방식으로 사고하시는 부분에 특히 공감합니다. 어쩌면 이 대담을 전후로 제 의견이 바뀔지도 모른다고 생각할 만큼 선생님 말씀에 영향을 받을 것 같습니다.

무라카미 그리 말해주니 고맙구려. 할아버지가 손자에게 설교하는 분위기가 날 듯도 하네만.(웃음)

내 입장에서 테후 군을 보면 한마디로 부럽습니다. 앱을 만드니 다운로드 건수가 세계 3위권에 들고, 애플 신제품 발표회를 동시 통역하면서 해설하는 유스트림 방송도 혼자 힘으로 하고. 중·고등학생 신분으로 이런 일들을 해내다니 놀라울 따름입니다. 더구나 영어 실력까지 발군이니. 지금 다니는 고등학교도 명문교인 나다 고등학교지요? 부러워요, 부러워.

테후 과찬이세요. 저도 나름대로 고충이 있답니다.(웃음) 그럼 거두절미하고 무라카미 선생님께 의견을 여쭙고 싶습니다.

아는 회사원 분이 말하길, 상사가 부하 직원에게 "어째서 우리 회사에는 스티브 잡스 같은 인물이 없는가?", "왜 너희는 스티브 잡스 같은 인물을 목표로 삼지 않는가?"라고 했답니다. 내놓고 반론하지는 못해도 내심 분했다고 해요. 애초에 이 회사의 상사가 말하는 '스티브 잡스'란 도대체 어떤 인물인지도 분명하지 않고요. 무라카미 선생님께서는 잡스를 어떻게 보십니까?

창의력을 만드는 방법

무라카미 나는 잡스와 직접 만난 적이 없고, 그의 평전을 읽을 계획도 없지만, 지난 40년간 컴퓨터 업계에 몸담았기 때문에 잡스가 어떤 일을 해왔는지는 압니다. 방금 테후 군이 정확하게 지적했다시피 최근들어 '환상의 잡스'가 한 사람 돌아다니는 듯합니다. 잡스가 어떤 사람이었는지 제대로 평하지 않은 채 '잡스=신'이라는 이미지만 널리 퍼지고 있어요. 바람직하지 않은 현상이지요. 아직 잡스에 대한 평가가 충분히 이루어지지 않는 상황에서 잡스처럼 되고 싶다는 둥 왜 일본에서는 잡스가 안 나오느냐는 둥 해봐야 입만 아파요. 누가 말한들 그럼 당신이 생각하는 잡스란 누구인가라는 결론밖에 나오지 않으니까. 잡스가 사망하고 한동안 '잡스=신'이라는 풍조가 유행했는데 솔직히 의문스러워요. 인터넷상의 반응과 관련해서는 더더욱.

테후 제가 보는 잡스는 아이패드와 아이폰을 개발한 크리에이터로서의 측면이 강하지만, 그가 인간으로서는 완전히 실격이었다는 뒷말도 있습니다.

무라카미 잡스에게는 우상화될 만한 요소가 있어요. 초기 애플이 내리막에 들어섰을 때 펩시콜라*에서 데려온 엉뚱한 사내에게 쫓겨난 일화만 봐도 그렇습니다. 잡스는 자기가 설립한 회사에서 쫓겨났다가 몇년 뒤 복귀하여 엄청난 수준의 주가를 달성함으로써 회사의 평가를 드

★ 1983년, 잡스는 펩시콜라 마케팅으로 눈부신 성공을 거머쥔 존 스컬리(John Scully)를 스카우트하여 애플의 사장 자리에 앉혔다. 그때 잡스가 스컬리에게 건넨 말은 유명하다. "Do you want to sell sugar water for the rest of your life, or do you want to come with me and change the world? (평생 이대로 설탕물을 팔겠습니까, 아니면 나랑 같이 세계를 바꾸겠습니까?)" 그러나 경영을 둘러싼 대립 끝에 1985년 스컬리가 잡스를 해임하면서 결국 잡스는 애플을 떠났다.

높였습니다.

그렇다면 크리에이터로서는 어떨까? 직접 만나본 적이 없기 때문에 오히려 객관적으로 말할 수 있다고 보는데, 잡스는 제품에 대한 감각이 랄지 사용자 인터페이스UI와 같은 방면에 특수한 감각을 지닌 사람입니다.

다만, 기술적인 면에서 볼 때, 잡스뿐 아니라 에릭 슈미트*와 빌 게이츠** 같은 내 입장에서는 젊은 세대가 무언가 새로운 것을 내놓지는 않았지요. 이 말은 타박이 아닙니다. 도리어 그만큼 경영자로서 매우 탁월하다는 뜻입니다. 색다른 기술이 없는데도 불구하고 그 정도로 시가총액을 높인 리더십. 그 점은 인정받아 마땅합니다.

★ 에릭 슈미트(Eric Schmidt, 1955~) : 구글 회장. 프린스턴 대학교 전기공학 학사, 캘리포니아 대학교 버클리 캠퍼스 컴퓨터과학 석사와 박사학위 취득. 팔로알토 연구소, 벨 연구소, 선 마이크로시스템社, 노벨社의 최고경영자를 거쳐 구글 회장으로 취임했다.

★★ 빌 게이츠(Bill Gates, 1955~) : 마이크로소프트 회장. 하버드 대학교 재학 시절 창업한 마이크로소프트는 베이직(BASIC), 엠에스도스(MS-DOS), 윈도우(Windows)의 개발 및 판매로 세계적인 기업이 되었다. 2008년부터는 자선단체 '빌 앤드 멜린다 게이츠 재단'을 중심으로 활동하고 있다.

　　　　　　　　　　　　　　　　　　　　창의력을 만드는 방법

모든 것은 DARPA에서 시작되었다

테후 스티브 잡스가 새로운 기술을 창출하지는 않았다는 건 곧 어떤 '뿌리'가 있다는 말씀이군요.

무라카미 현 시장에서 우리가 향유하는 기술, 예컨대 애플의 음성인식 서비스인 '시리siri'가 어디에 뿌리를 두고 있는가 하면 '다르파DARPA*'입니다. 다르파의 두 가지 목표는 아르파넷지금의 인터넷과 인공지능이었지요.

나는 1978년 데크**에 입사했는데, 1980년 무렵에는 이미 윈도우가 비트맵 디스플레이bit map display상에 구현되어 제록스 팔로알토 연구소***와 매사추세츠 공과대학MIT의 컴퓨터가 네트워크도 구축했습니다. 그때 이미 마우스를 가지고 지금과 똑같이 활용할 수 있었다, 이 말입니다. 그런 환경에서 스티브 잡스가 컴퓨터를 만들었습니다. '애플 리사'를 경유해 '매킨토시'를 내놨어요. 그다음에는 빌 게이츠가 '윈도우'를 내놨고. 그리곤 서로 베꼈다느니 당했다느니 아웅다웅할 때, 그

★ 다르파(DARPA, Defence Advanced Research Projects Agency) : 미국 국방부 산하 방위고등연구계획국. 인터넷의 원형인 아르파넷(ARPAnet)과 위성지리정보장치인 지피에스(GPS, Global Positioning System) 개발로 유명하다.

★★ 데크(DEC, Digital Equipment Corporation) : 1957년 창업. 기업용 소형 컴퓨터 시장에서 성공을 거두며 미국을 대표하는 컴퓨터 기업으로 성장했으나 시장 변화에 대응하지 못하고 1998년 컴팩에 매수되었다.

★★★팔로알토 연구소(PARC, Palp Alto Research Center) : 미국 제록스(XEROX)社가 1970년에 설립한 연구소로 캘리포니아 주 팔로알토에 있다. 레이저프린터, 그래픽 사용자 인터페이스(GUI), 액정 디스플레이와 같은 제품 발명으로 유명해졌다.

네들보다 한 세대 위인 내 또래 늙은이가 이렇게 말했다지. "둘 다 베껴 놓고 무슨 소리요. 이건 원래 다르파 기술이잖소."(웃음) 뭐 다르파가 개발한 기술은 공공 영역public domain이니까 굳이 그걸 따지려 드는 사람은 없었지만.

다르파에서 원래 사용하던 단말기는 팔로알토 연구소가 개발한 '제록스 알토'였습니다. 제록스 알토는 '다이나북'이라는 휴대용 컴퓨터의 구상을 바탕으로 만들어진 데스크톱 단말기입니다. 아직 흑백이었지만 비트맵 디스플레이는 구현된 상태였어요. 제록스 알토 이전의 모니터는 검은 화면에 흰 글자가 깜빡거리는 식이었는데, 비트맵 디스플레이가 구현되면서 현재의 PC와 똑같이 흰 바탕에 검은 글자가 표시되었지요. 덕분에 윈도우 운영체제가 작동할 수 있게 되었고. 그런 전환이 1980년에 확 이루어진 겁니다. 하지만 데크는 그 기술을 비즈니스화하지 못했습니다. 인터넷이니 뭐니 전부 데크가 앞서고 있었으면서도. 스티브 잡스는 데크가 하지 못한 일을 리사와 매킨토시로 해냈을 뿐입니다. 나도 그런 면에서는 잡스를 높이 평가합니다. 다만 한 업계에 있으며 지켜봐 온 사람으로서 그걸 잡스가 전부 개발했다는 말에는 동의할 수 없어요.

확실히 잡스는 '제품화'에 있어서는 천재적인 감각을 타고났습니다. UI와 관련해서는 특히 더 그렇지요. 비트맵 디스플레이를 보고 '그래, 이거다!' 하고 느끼는 예리한 감각. 윈도우와 마우스를 보고서 '바로 이거다!' 느끼고 발 빠르게 제품화하는 그런 감각이 대단했습니다.

IBM을 카피하던 일본 기업

테후　저희 고등학교에 1986년 즈음 출시된 초기 매킨토시가 있습니다. 그걸 다뤄 보면 아무래도 지금의 맥Mac, 매킨토시과는 달라서 좀 어색한데도 무언가 현재와 통한다는 느낌이 듭니다. 잡스 팀은 제록스에서 예산은커녕 별다른 기대조차 받지 못하던 프로젝트를 낚아챘어요. 그렇게 행동한 데는 분명히 선견지명이 있었겠지요. 그러나 잡스 본인이 제품을 만들었다는 말은 저도 어폐가 있다고 생각합니다. 잡스는 그저 아이디어를 냈죠. 그 아이디어를 부하 직원이 제품화하면, 완성된 제품의 결함에 이의를 제기하는 방식으로 새로운 제품을 만들어 나갔으니까요. 그러니 스티브 잡스가 단독으로 존재한들 무슨 의미겠어요. 잡스 곁에는 유능한 엔지니어가 많이 붙어 있어야 합니다. 그리고 그런 유능한 엔지니어는 비단 잡스 주변에만 모여 있지 않았을 거예요. 일본에도 당연히 있었겠지요?

무라카미 좋은 질문이로군요. 1980년대 일본에서는 통산성현 경제산업성이 제5세대 컴퓨터 프로젝트를 진행했습니다. 제4세대 컴퓨터에 사용된 메인프레임은 아이비엠 360의 아키텍처였는데, 사실 제품은 일본 제조업체 쪽이 우수했답니다. 카피 제품이기는 했어도.

지금이니까 하는 이야기지만, 당시의 일본 제조업체는 아이비엠에서 컴퓨터를 사다가 그걸 분해해 보는 방식으로 연구했어요. 매뉴얼 카피는 더 지독했지요. 어떻게 했을 것 같습니까? 그냥 영어를 일본어로 옮기는 평범한 작업이 아니었어요. 한 번 일본어로 번역한 매뉴얼을 다시 영어로 번역한 다음, 그것을 또다시 일본어로 재번역하고서야 제품에 첨부했습니다.

왜 그랬을까요. 한 번만 번역해서는 문체까지 가져올 수 없기 때문입니다. 단순히 영어를 일본어로 옮겨놓으면 논리야 똑같을지라도 문체가 완전히 변합니다. 그러니까 일부러 돈을 들여서 다시 영어로 번역하고, 재차 일본어로 번역한 겁니다. 그렇게까지 카피를 했어요. 심지어 카피 제품이 더 튼튼해서 본가인 미국을 이겨 버렸지요. 당시 일본의 제품 기술 수준을 고려하면 충분히 있을 법한 일이었습니다. 뭐, 조금쯤은 제품 개선도 했고.

그러다 FBI의 함정수사에 걸려들어 미쓰비시전기와 히타치제작소 같은 쟁쟁한 기업의 사원이 미국에서 일망타진을 당했지요*. 함정수사관이 "아이비엠의 비밀을 보여드리죠." 하고 아이비엠 직원인 척 잠입해서는 일본 사원들이 사진 찍는 현장을 비디오로 촬영해 버렸어요. 그래 놓고는 "근데 말이죠, 사실 우리, 세 글자는 맞지만 아이비엠IBM이 아니라 에프비아이FBI 소속이랍니다." 했지요. 그때가 1982년이었습니다.

창의력을 만드는 방법

그 얼마 전부터 통산성은 아이비엠 호환기 제조만으로는 일본 컴퓨터 산업에 미래가 없다고 여기고 있었습니다. 컴퓨터 강국인 미국과 경쟁

하려면 앞으로 무엇을 해야 할지 고민하는 상황이었지요.

'아이비엠 360 아키텍처 부분에서는 이미 이겼으니, 이제는 전혀 다른 것을 해야만 한다! 그런데 무엇을 해야 하나. 오호, 미국은 인공지능을 하네? 그래, 우리도 인공지능을 하자. 어디 일본에서는 누가 인공지능을 연구하나 찾아볼까. 전자기술총합연구소전총연 소속 후치 가즈히로* 팀, 게이오대학 공학부 소속 아이소 히데오** 팀, 전신전화공사현 NTT 산하 무사시노 통신연구소*** 와 요코스카 통신연구소가 있군.'

이렇게 통산성은 일본 내 인공지능 연구자들을 그러모아 제5세대 컴퓨터 프로젝트를 시작한 겁니다. 대답이 길어졌는데, 요컨대 테후 군이 말하는 유능한 기술자는 일본에도 당연히 있다는 말입니다.

★ 1982년 미쓰비시전기(三菱電機)와 히타치제작소(日立製作所) 소속 사원 6명이 미국 아이비엠(IBM) 본사에 대한 산업스파이 행위를 이유로 체포되었는데, 이때 실시된 에프비아이의 함정수사가 큰 화제를 모았다. 1983년에 화해했다.

★ 전자기술총합연구소(전총연)는 통상산업성(현 경제산업성) 산하 연구소로 현재는 독립 행정법인 산업기술종합연구소에 편입되었다. 후치 가즈히로(淵一博, 1936~2006)는 전총연을 거쳐 제5세대 컴퓨터 기술 개발 기구(ICOT)의 연구소장으로 근무했다.

★★ 아이소 히데오(相磯秀夫, 1932~)는 전기시험소(현 전총연)을 거쳐 게이오기주쿠 대학교 공학부 교수 및 환경정보학부 초대 학부장, 도쿄 공과대학교 학장을 역임했다. 제5세대 컴퓨터, 슈퍼컴퓨터, 정보처리 상호운용기술 등의 추진위원회 위원장으로도 근무했다.

★★★ 무사시노 통신연구소와 요코스카 통신연구소 : 일본 전신전화공사(현 NTT)의 연구 개발 기관. 차세대 네트워크 서비스의 기반 기술을 연구하고 개발했다. 현재는 각각 NTT 무사시노 연구개발센터, NTT 요코스카 연구개발센터로 존속 중이다.

테후 그 사람들은 어떤 환경에서 개발을 했나요?

무라카미 데크DEC에서 제조한 PDP 컴퓨터 시리즈 중 하나인 PDP-10이라오. 명령체계가 36비트, 주소체계가 18비트인 리스프 머신LISP* 이었지요. 아르파넷ARPAnet의 노드가 전부 그런 환경이었기 때문에 인공지능을 연구한 사람들이 모든 코드를 리스프 언어로 썼던 겁니다.

일본의 연구자가 설계하는 인생

무라카미 제5세대 컴퓨터 프로젝트에 대해서는 차치하고, 다른 문제를 생각해 보세나. 이 프로젝트에 참여한 사람들은 왜, 독립해서 앱을 만들지 않았을까? 말할 것도 없이 전총연이나 NTT 연구소에 소속된 사람이 일부러 그곳을 관두고 다른 회사를 차릴 이유가 없기 때문이지요. 다들 정년이 되면 도쿄 대학교로 돌아가 다시 교수를 한다거나 사립대의 컴퓨터과학과 교수를 해볼 생각이나 하지, 독립해서 회사를 차릴 마음은 없어요.

이걸 어떻게 설명해야 좋으려나. 지금도 일본에는 정확히 꼬집어 말하기 어려운 정서가 존재합니다. 돈벌이에 대한 죄악감이랄까, 창업해서 회사를 키우는 일도 어쩐지 꺼리는 성향이 있습니다.

★ 리스프 머신 : 리스프(LISP)를 주요 프로그래밍 언어로 사용하는 범용 컴퓨터. 리스프는 1956년 다트머스 학술회의에서 존 맥카시(John McCarthy, 1927~2011)가 '인공지능에 대한 다트머스 대학교 여름철 연구 프로젝트'의 한 구상으로 발표한 이래 넓게 사용되었다.

최근 테후 군이 종종 말하는 것처럼 '모두가 기뻐하는 제품을 만들어 널리 사용케 하자'와 같은 사고는 창업가에게나 있지 연구자 머릿속에는 없습니다.

일본에서 연구직에 종사하는 사람들은 대개 자기가 좋으면 그만입니다.(웃음) "세상에, 굉장한 인공지능 기술이 나왔군!" 하고는 거기서 만족해 버려요. 그걸 모든 사람이 사용할 수 있도록 만들어 기쁨을 주겠다거나 UI를 색다른 상품에 활용하면 대박이 나겠다는 식으로는 생각하지 않습니다. 그런 발상이 실제 돈벌이로 귀결된다면 연구자로서 수치스럽다고 생각하는 거지요.

테후 종신고용제도와도 연관이 있을까요?

무라카미 아무렴. 도쿄 대학교 정보과학과를 졸업해 무사시노 통신연구소에서 근무하고, 정보처리학회며 인공지능학회에 논문을 내고, 종내 다시 정보과학과로 돌아가 교수를 해야겠다, 하는 수준의 인생 설계니까.

당시 컴퓨터에 쓰이던 아이비엠 아키텍처 같은 어려운 시스템을 쉽게 만들어서 누구나 사용할 수 있도록 하자는 발상이 연구자분들에게 결여되어 있던 겁니다.

그렇다고 연구직 종사자 개개인을 타박해서는 안 됩니다. 일본 사회 전체가 그런 자세를 취하고 있으니. 창업해서 컴퓨터를 만들어 파는 일보다 인공지능학회에 논문을 써내는 일이 더 바람직하다고 여기는 신념, 그것을 털끝만큼도 의심하지 않습니다.

스티브 잡스는 이렇다 할 학력이 없지요. 빌 게이츠도 하버드 대학교를 중퇴했고, 박사학위를 취득한 사람은 에릭 슈미트 정도입니다. 미국에서는 신기술을 공개하므로 창업 감각이 있는 사람이 그것을 가져다가 사업화합니다. 물론 반대 경우도 있습니다. 고든 벨이라는 사람은 카네기멜론 대학교의 연구자였는데 데크에서 반년쯤 부사장을 지내고 백스VAX의 설계팀을 지휘했어요. 지금은 마이크로소프트에 소속해 있는 미국 컴퓨터과학계의 중진이지요. 그런 대단한 사람이 대학과 기업을 자연스럽게 오간다는 겁니다.

일본과는 사뭇 다르지요. 결국 사회 전체의 문제입니다. 대답이 자꾸 길어지는군요. 미안합니다.(웃음)

인공지능의 최전선은 이렇게 바뀌어 왔다

무라카미   샛길로 빠진 김에 미국의 컴퓨터과학 이야기를 더 해볼까요? 미국 컴퓨터과학 융성의 원천은 앞서 언급한 '다르파'에 들인 어마어마한 예산입니다. '물 쓰듯'이라고 말해도 무방하리만치 엄청난 예산을 편성했으니까요.

그렇게까지 예산을 퍼부었던 이유는 옛 소련과 전쟁을 치를 속셈이었기 때문입니다. 핵 공격을 받더라도 동해안과 서해안이 서로 소통할 수 있는 구조를 만들려고 했지요. 그 결과물이 아르파넷입니다.

인공지능 연구는 1956년 열린 다트머스 회의*에서 시작되었는데, 연구 예산이 확 늘어난 시기는 베트남전쟁에 패한 이후입니다.

★ 다트머스 회의 : 다트머스 대학교 조교수였던 존 맥카시를 중심으로 개최된 회의. 이 회의의 제안서에서 처음으로 '인공지능(Artificial intelligence)'이라는 말이 사용되었다.

미국은 왜 베트남에게 패배했을까. 미국 정부는 국내 여론을 패인으로 지목했습니다. 베트콩이 문제가 아니라 미국 내 전쟁 혐오 정서가 짙어졌기 때문에 졌다고 분석했어요. 미국인 대부분이 어디 있는지도 모르는 장소에서 미국 청년이 왜 피를 흘려야 하는지 의문을 느꼈다고 본 겁니다. 전쟁에 나가면 전사하거나 행방불명이 되고, 운 좋게 살아 돌아오더라도 중상을 입어 후유증이 남거나 마음의 상처로 미쳐 버리니까요. 요컨대 전쟁에 인간을 내보내고 싶지 않다, 그렇다면 전쟁 로봇을 만들면 되겠군. 이것이 인공지능 개발의 직접적인 목적이었습니다.

현재 아프가니스탄과 파키스탄의 국경선을 폭격하는 미국 공군 전투기는 라스베이거스 교외에 있는 공군기지에서 조종합니다. 아직까지 인공지능이 미완성이라서 원격조종을 하는 겁니다. 그런데 최근 할리우드 영화를 보면 드디어 인공지능을 사용한 전투 로봇이 나올 낌새가 보입니다.

할리우드 영화는 미국의 미래 행보를 암시하는 경향이 다분합니다. 단순한 오락 영화로 치부하기는 어려운 부분이 있지요. 인공지능 표현에도 몇 가지 방향이 있습니다. 하나는 인간의 뇌와 연결하는 방향. 이를테면 〈아바타〉 같은 작품이 그렇습니다. 다른 하나는 신체를 보강하는 방향인데 〈건담〉에 쓰인 방식이지요. 〈아이언맨〉이나 〈지.아이.조〉도 마찬가지입니다. 이즈음 들어 온통 그런 부류의 이야기뿐이지 않습니까.

이제 슬슬 '시리'라든지 '윈도우'라든지 그런 거대한 신경망neural network도 완성되는 추세입니다.

최근 구글이 취득한 특허 중에 화면으로 사물을 인식하는 기술이 있습니다. 굉장한 기술이에요. 영어로는 Unsupervised Neural Network 비지도 신경망라고 하는데 여기서 Unsupervised란 가르치는 사람 없이 스스로 학습한다는 뜻입니다. 보통은 컴퓨터에게 '이것이 고양이'라고 가르쳐도 영상이나 사진을 보여주며 '고양이가 뭐냐'고 물으면 답이랍시고 호랑이를 내놓습니다. 결국 "틀리지는 않았지만 이건 호랑이다. 고양이과 동물이지."라는 정보까지 학습시켜서 컴퓨터를 똑똑하게 합니다.

한데 이번에 구글이 발표한 논문은 놀랍게도 그런 교육을 전혀 시키지 않았어요. 그저 산더미 같은 유튜브 영상을 보여주고, 컴퓨터가 먼저 "이게 고양이입니다."라고 대답하도록 만들었습니다.

어떻게? 구글이 거대한 데이터센터 안에 인간 두뇌의 1000만 분의 1쯤 되는 네트워크를 구축했기 때문입니다. 그 네트워크가 '우주소년 아톰'처럼 작은 신체에는 들어가지 않으니 클라우드로 연결했을 따름이지요.

구글이 도요타 프리우스를 저 혼자 달리게 만든 무인자동차 프로젝트도 화제인데, 사실 이것도 다 같은 맥락입니다. 그래서 모두가 "대단하다, 시리! 굉장하다, 구글!"이라고 말해도 나는 "미국 국방부가 대단하다!"라고 말합니다. 이거나 저거나 국가가 해온 작업이 공공 영역에 있고, 그것을 활용했을 뿐이니 그 밑바탕에는 전부 다르파의 예산이 깔려 있는 셈입니다.

이런 측면에서 보면 일본은 지적재산권에 관한 법률이 엉성합니다. 논리가 탄탄하지 못해요. 일본 저작권법이 엄격하다고들 하는데 아닙

창의력을 만드는 방법

니다. 미국이 훨씬 엄격합니다. 제한은 물론이고 무엇을 허용하는지도 명확히 정해두어 비교적 느슨해 보일 뿐이지요. 일본은 제한과 허용의 경계가 불확실한 데다 자의적이기까지 해서 '이도 저도 다 안 되는' 일 투성이입니다.

'빅데이터 2.0'이 불러올 세계

무라카미 또 이야기가 산으로 가는데, 요즈음 '오픈 데이터Open Data, 오픈 데이터' 하지 않습니까. 이것은 정부가 소유한 데이터의 접근성을 얼마나 높여야 하는가에 대한 전 세계적인 움직임입니다.

학생 시절에는 미국 제국주의 타도를 부르짖던 나 같은 사람이 흡사 미국의 앞잡이처럼 백팔십도 변한 이유도,(웃음) 컴퓨터를 본격적으로 다루게 되면서 '미국의 공정성'에 감탄한 영향이 큽니다. 삼척동자라도 이해할 만큼 알기 쉬우니까요. '어디까지 되고, 어디서부터 안 되는지' 가 분명합니다. 반면 일본은 당최 '어디까지 해도 괜찮은지' 모호하기 그지없습니다.

가령 래리 페이지와 세르게이 브린*이 일본에서 구글을 설립하려고 했다면? 애매한 저작권법에 속절없이 얻어맞고 망해 버렸을 거요. 그

★ 래리 페이지(Larry Page, 1973~)와 세르게이 브린(Sergey Brin, 1973~) : 래리 페이지는 구글 창
  업자 중 한 사람이자 최고경영자로 미시간 대학교에서 컴퓨터공학 학사, 스탠퍼드 대학교에서
  석사 학위를 취득했다. 세르게이 브린은 메릴랜드 대학교에서 컴퓨터과학 학사, 스탠퍼드 대학
  교에서 석사 학위를 취득했다. 이후 스탠퍼드 대학교 박사 과정에서 만난 두 사람은 1998년 구
  글을 공동 설립했다. 현재 구글은 이 두 사람과 회장인 에릭 슈미트가 함께하는 3인 체제이다.

도 그럴 게 우선 검색이 불가능하니까. 수년 전까지만 해도 일본에서는 '검색'이 곧 '저작권법 위반'이었습니다. 검색을 하면 일부 내용을 살짝 보여주잖습니까. 그게 이미 저작권 침해다, 이거지요. 옛날에 요미우리 신문이 표제의 저작권을 들먹이며 기사의 링크를 허용하지 않겠다고 말한 적도 있습니다. 그렇게 되면 구글은 이루어질 수가 없지요.

테후　미국에는 다르파가 있고, 다르파의 기술을 누구나 이용할 수 있다. 한편, 일본은 환경이 미비하다, 그러므로 유능한 인재가 있어도 능력을 발휘할 길이 없다는 말씀이시군요. 그렇다면 무라카미 선생님께서는 현재의 일본이 어떤 상황이라고 보십니까?

무라카미　일례로, 지금 트렌드는 빅데이터이지요. 미국은 2012년부터 다르파와 백악관의 특별예산을 '빅데이터 2.0' 부분에 편성했습니다. 빅데이터 1.0은 통계 혹은 정형적인 정보를 처리합니다. '무라카미 노리오는 65세이고, 남성이고, 연 수입이 얼마고, 지금까지의 구매 이력은 이러이러하니까 다음에 로그인했을 때 강력한 비아그라 제품을 보여주면 냉큼 살 것이다'와 같은 정보를 알 수 있지요.(웃음)

　앞으로는 더 많은 정보가 수집됩니다. 소셜 네트워크 서비스SNS나 페이스북에서 어떤 내용에 '좋아요' 버튼을 누르고 댓글을 다는지, 트위터에서 무슨 말을 하고 누구를 리트윗하고 댓글을 남기는지가 전부 수집될 겁니다. 더 나아가 사물인터넷*을 기반으로 한 '스마트그리드'가

★ 사물인터넷(IOT, Internet of Things) : 인터넷이라고 하면 PC나 태블릿 같은 정보기기와 접속된 네트워크라는 이미지가 있는데, 그것을 사물(Thing), 즉 정보기기 이외의 가전이나 자동차, 건물 등에까지 확대한다는 사고방식. 현시점에서는 스마트폰으로 집 냉장고의 내용물을 알 수 있는 기술이 대표적인 예이다.

시작되면 모든 가전제품이 인터넷과 연결되지요. 내가 독거노인이 되었다고 가정해 봅시다. '무라카미 노리오는 아침에 일어나 노릇노릇하게 구운 토스트를 2장 먹었고, 쌀을 일주일에 몇 홉 소비했고, 밥통에 넣어둔 밥을 이틀에 걸쳐 먹었으며 욕조에는 얼마 동안 들어가 있더라'는 정보가 가전제품을 통해 전부 파악됩니다. 내가 변기에 앉기만 해도 혈압, 체온, 맥박과 같은 생명 유지에 필요한 정보를 얼마든지 퍼갈 수 있어요.

다시 말해 특정 서비스를 받으려고 회원으로 등록할 때 기입하는 정형적인 정보만이 아니라 그 외의 막대한 부가 데이터가 5분마다 등록된다는 뜻입니다.

구글의 데이터 센터는 개인 컴퓨터와 흡사한 프로세서를 가진 데다 수가 많습니다. 여러 대의 컴퓨터를 활용해 데이터를 분산 처리하지요. 이른바 '맵리듀스Map Reduce'입니다. 구글은 이 시스템을 공개했습니다. 그 밖에도 대량의 정보를 효과적으로 저장하기 위한 분산 파일 시스템인 '구글 파일 시스템'과 빅데이터 처리 시스템인 '빅테이블'의 논문을 공개했지요. 그러자 아파치[*]가 그걸 가지고 '하둡'이라는 오픈소스 소프트웨어를 만들었고요. 이와 관련한 일본어 교재도 이미 3권은 나와 있을 정도이니 지금은 완전히 일반화된 정보입니다.

여기까지가 빅데이터 1.5쯤 되겠군요. 1.0이 2.0으로 가는 과정이라고 할까.

2012년부터는 다르파에서 예산을 편성하여 빅데이터 2.0으로 이동합니다. 1.5와 2.0의 차이는 무엇일까요? 바로 인공지능입니다. 방금 이야기했듯이 인공지능은 개인의 생활상이나 SNS에서 드러나는 성격 정보를 바탕으로 정보를 제공합니다. 다음번에 무라카미 노리오가 로그인했을 때 비아그라를 너무 먹지 마시라고 먼저 가르쳐 주지요.(웃음)

자연 언어 처리 관점에서 설명하자면, 구문 해석syntax analysis 단계에서 의미 해석semantic analysis 단계로 이동하여 처리 결과를 무라카미 노리오라는 한 명의 고객에게 보여주는 겁니다. 그것도 일반적인 서비스로. 인공지능은 이 지점에서 힘을 발휘합니다. 미국 입장에서는 다르파의 인공지능이 어느 수준에 들기 시작했으니 이참에 아예 다른 국가와의 격차를 벌려 따돌리고 싶겠지요.

지금 나는 경제산업성을 도와 3가지 일을 하고 있는데, 현 시점에서 인공지능으로 앞서 나가야 한다고 조언합니다. 잔소리처럼 듣겠지만 나로서는 충고하는 겁니다. 당장 분발해야 한다고, 안 그러면 일본은

★ 아파치(Apache) : 아파치 소프트웨어 재단. 소프트웨어의 코드를 공개하여 누구나 자유롭게 사용할 수 있는 '오픈소스'를 지원하는 비영리 단체이다. 하둡(Hadoop)은 대규모 데이터의 분산 처리에 사용되는 프리웨어.

창의력을 만드는 방법

또 따돌림을 당한다고. 예산이 부족하다는 사정이야 나도 압니다. 알지만, 빅데이터가 1.5에서 2.0으로 이동하는 이 시기에 인공지능을 연구해야 한다고 입이 닳도록 말하고 있어요. 예산이 편성될지 안 될지는 모르겠습니다.

그런데 미국은 이미 국가 차원에서 IT 전략을 세워 착실히 실행하고 있지 않습니까.

테후 결국 예나 지금이나 여전히 다르파로군요.

무라카미 다르파지요. 그 예산이 흘러가는 곳이 MIT, 하버드, 스탠퍼드이고. 내가 테후 군에게 미국 대학교에서 공부하라고 권하는 이유도 그 때문입니다.

소프트웨어 제작자가 알려지지 않는 일본

테후 무라카미 선생님 말씀을 들으니 무척 공부가 됩니다. 다만, 솔직히 저는 컴퓨터과학 분야에 제 장래를 걸고 싶지는 않아서…….

무라카미 아아, 무슨 마음인지 알 것 같아요. 나도 히타치에서 데크로 이직할 때 컴퓨터과학을 완전히 단념했더랬지.

히타치덴시라는 미니 컴퓨터 회사에서 일하던 시기에 1비트 단위로 손을 대봤는데, 그건 거의 컴퓨터과학을 공부하는 느낌이었답니다. 그렇게 근무하는 동안 내가 컴퓨터과학에 어중간한 소양밖에 없다는 사실을 깨달았습니다. 더구나 전직하기로 결정한 데크는 IBM보다 수준이 높았지요. 스티브 잡스건 누구건 PDP-11을 쓰며 성장했을 정도니까요.

그런 대단한 제품을 고든 벨과 함께 제작하는 사람들 틈에 내가 어떻게 들어가겠나 싶더군요. 그래서 마케팅 부문에 지원했습니다. 영업이 남자를 단련시킨다는 요지의 책을 읽고서 남자다움을 갈고 닦아볼 요량으로.(웃음)

테후 저도 컴퓨터과학에 흥미를 느껴 독학을 해왔는데 결국 그렇더라고요. 저와 동시대를 살면서, 같은 분야를 공부하는 이들을 보면 컴퓨터에 대한 집념이 저보다 훨씬 강한 사람이 있습니다. 컴퓨터에 인생을 건 사람이 있어요. 저 사람은 정말 못 이기겠다 싶은 사람이 점점 많아집니다. 제가 앞으로 저를 기술자로서 팔아야 한다면 재미가 없을 것도 같고요.

무라카미 재미있고 즐거우면 그것으로 족한 부분도 있기야 합니다.

음, 아까 말했던 일본과 미국의 기술자 이야기를 보충할까요. 일본 소프트웨어 산업에서는 '이 제품은 이 사람이 만들었다'라는 정보가 거의 없습니다.

당장 생각나는 사람도 세 사람뿐이네요. '위니'를 만든 가네코 이사무* 씨 , '이치타로'를 만든 우키가와 가즈노리** 씨와 우키가와 하쓰코

★ 가네코 이사무(金子勇, 1970~2013) : 이바라키 대학교 대학원 공학연구과 정보시스템과학 전공으로 박사학위 취득. 간단히 파일을 주고받을 수 있는 파일 공유 소프트웨어 위니(Winny) 개발. 위니가 영화나 음악 교환에 사용되면서 2004년 저작권법 위반 방조 혐의로 체포되었으나 2011년 대법원에서 무죄를 확정했다. 가네코는 이 사건으로 일약 유명 인사가 되었다.
★★ 우키가와 가즈노리(浮川和宣, 1949~)와 우키가와 하쓰코(浮川初子, 1951~) 부부 : 에히메 대학교 공학부 재학 시절에 만나 1979년 저스트시스템(JustSystems)을 창업했다. 워드프로세서 소프트웨어인 이치타로(一太郞)가 크게 성공했다. 2009년 메타모지(MetaMoji)를 설립하고, 2011년 세븐노트(7notes)를 발매했다.

씨 부부, 마지막으로 '루비'를 만든 마쓰모토 유키히로[*]씨.

반면 미국은 제작자 이름이 전부 명시됩니다. 이맥스Emacs 에디터는 리처드 스톨먼[**]이고, 백스와 PDP 운영체제는 데이비드 커틀러[***]이지요. 커틀러는 윈도우NT도 만들었지요. 이처럼 미국에서는 무엇을 누가 제작했는지 분명하게 밝힙니다. 덕분에 '백스' 하면 '고든 벨'이 떠오르면서 자연스레 그 인물에게 카리스마가 생겨나고, 모두 동경하며 나도 열심히 해보자고 다짐합니다. 이런 구조가 일본에는 없어요.

호리에몽 세대의 빛줄기

테후　무릇 영웅이 태어나지 않으면 동경심도 생겨나지 않는 법이죠. 일본의 영웅을 꼽자면 호리에몽호리에 다카후미 같은 분이 있을 텐데요, 무라카미 선생님께서는 그 세대를 어떻게 보시나요?

무라카미　호리에몽, 미키타니 히로시, 후지타 스스무 씨 세대 말인가요? 나는 구글의 일본법인 대표이사로서 세 사람을 모두 만나 봤습

★ 마쓰모토 유키히로(松本行弘, 1965~) : 쓰쿠바 대학교 제3학군 정보과학부 졸업. 시마네 대학교 대학원에서 석사 과정 수료. 루비 어소시에이션(Ruby Association) 이사장으로 근무. 1993년부터 오브젝트 지향 스크립트 언어 '루비(Ruby)'를 개발해 일본 국내뿐 아니라 해외에도 보급하고 있다.
★★ 리처드 스톨먼(Richard Stallman, 1953~) : 하버드 대학교에서 물리학 학위를 취득하고 MIT 대학원을 중퇴했다. 대학 시절부터 프로그래머로서 활약하며 프리소프트웨어를 개발하고 보급한 것으로 유명하다.
★★★ 데이비드 커틀러(David Cutler, 1942~) : 올리벳 대학교 졸업. 듀폰(DuPont)과 데크를 거쳐 마이크로소프트에 입사하여 마이크로소프트 윈도우NT의 개발 및 설계에 관여했다.

니다. 확실히 저마다 좋은 아이디어를 가졌더군요. 다만, 굳이 따지자면 같은 IT라고 해도 정보기술Information Technolog이 아니라 투자기술Investment Technology을 추구한다는 느낌이었어요. 호리에몽은 특히 그랬지요. 그 점이 약간 아쉽습니다.

그들보다 한 세대 앞에는 소프트뱅크 회장인 손정의 씨와 아스키를 설립한 니시 가즈히코 씨가 있습니다. 니시 가즈히코 씨는 스스로 프로그램을 작성하던 사람입니다. 손정의 씨는 한 번 해봤다고는 하는데 기본적으로는 완성된 프로그램을 파는 사업부터 시작했지요. 그래도 최소한 만들어볼 생각은 했던 겁니다. 호리에몽 세대와는 좀 달랐지요.

호리에몽은 지금 탈법을 했다고 교도소에 들어가 있는데, 내가 보기에는 일본 사법제도가 미숙해요. 탈법이든 뭐든 법망만 잘 빠져나가면 그만이면서 여론에 떠밀려 검찰이 체포를 감행한다니요. 호리에몽 사건은 일본에서 돈을 벌려면 체포될 수밖에 없다는 것을 명백하게 보여줍니다.

모두가 호리에몽이 극악무도하다는 둥 뭐라는 둥 갖은 욕설을 퍼부은 시점에서 이미 판가름이 난 겁니다. 호리에몽의 변호를 맡았더니 협박장이 왔다지 않습니까. "그런 녀석을 변호하다니!"라면서. 변호사는 피고인의 법적인 권리를 보좌할 뿐인데도 그런 식으로 취급하다니, 미숙한 태도입니다.

테후　저희 세대는 호리에몽 사건이 일어났을 때 초등학생이었지만, 당시 젊은이들에게 호리에몽은 영웅이지 않았나요? 지금 대학생 가운데 창업을 꿈꾸는 사람들은 대개 제2의 호리에몽을 목표로 하더라고요. 호리에몽의 한을 풀겠다는 마음가짐이랄까, 좀 숭배하는 경향이 있

창의력을 만드는 방법

어요.

저도 예전에 호리에몽 씨를 뵌 적이 있는데 확실히 아이디어에 끌리더군요. 직접 대화를 나눠 보니 호리에몽의 최종 목표가 무엇인지도 확느껴졌고요. 호리에몽의 최종 목표는 텔레비전을 인터넷에 개방하는 것, 그러니까 인터넷의 힘으로 미디어를 정복하는 것이었습니다. 이제와 생각하면 너무 앞서나간 셈이지요. 2005, 2006년 무렵에 그런 이야기를 꺼냈으니까요. 지금이야 당연하게 들리는 소리지만 그때는 아니었잖아요. 후지 TV 사람이나 여론이나 그것을 부당하게 보는 눈길이 있었겠지요.

무라카미 동감하네. 허점이 많기는 해도 호리에몽은 매력적인 사내입니다. 다만, 나는 그가 투자 기술 방면으로 치우친 탓에 허점이 생긴게 아닌가 싶어요. 물론 인간적으로는 매력이 다분합니다. 지금도 그를 석방하라는 서명운동이 뜨겁잖아요.

테후 라쿠텐을 창업한 미키타니 히로시 씨는 어떻게 보십니까?

무라카미 '라쿠텐楽天'이라는 시스템은 멋지다고 생각합니다. 처음만났을 때였나, 이건 곧장 해외 시장으로 진출하는 편이 낫겠다고 귀띔했던 기억이 있어요. 그로부터 8년 정도 걸리기는 했지만, 라쿠텐은 전세계적인 비즈니스 모델이 되었지요. 그러니 역시 한시라도 빨리 세계를 무대로 삼아야 했습니다.

테후 미키타니 히로시 씨하고는 어디서 만나셨나요?

무라카미 라쿠텐과 손을 잡을까 했던 적이 있어서 알게 되었지. 구글이전에 야후라는 검색 사이트가 있었는데 야후 재팬은 야후 본사와는 영 딴판이었어요. 결국, 이베이eBay가 지체 없이 철수했고, 대대적으로 옥션을 했습니다. 야후 재팬은 이베이와 미국 야후를 합친 것 같은 사이트였습니다. 구글로서는 좀 벅찬 상대였지요. 그래서 라쿠텐이 좋겠다고 생각했습니다. 실현되지는 않았지만 말입니다.

PC 이용의 난관, 키보드

무라카미　나는 다나카 요시카즈* 씨가 '그리GREE'를 설립한 과정을 압니다. 난바 도모코** 씨가 창업한 디엔에이도 그렇고. 그런데 두 회사가 맞소송을 벌이고 있지요.(현재는 양사 합의로 법적 공방이 중단되었음)

이러나저러나 피차 너무 멀리 갔어요. 내가 국내에서 문제될 정도로는 걸고넘어지지 말라고 조언했는데도. 어차피 그런 일로 시비를 거는 아저씨들은 대개 "인터넷? 2채널*** 아니면 만남 사이트겠지." 하는 식으로 이해합니다.

테후　어째서인가요? 그런 이미지가 선행하다니, 늘 사용하는 사람 입장에서는 뜻밖입니다. 실상은 전혀 다르다고요.

★ 다나카 요시카즈(田中良和, 1977~) : 그리(GREE)의 대표이사. 니혼 대학교 법학부 정치경제학과 졸업. 라쿠텐 재직 중에 소셜 네트워크 서비스 그리를 만들어 2004년 회사를 설립했다.
★★ 난바 도모코(南場智子, 1962~) : 디엔에이(DeNA)의 전 대표이사 겸 최고경영자. 쓰다주쿠 대학교 영문학과 졸업. 하버드 경영대학원에서 MBA 취득. 1999년 디엔에이를 설립해 대표이사로 취임했다. 현재는 같은 회사의 이사로 근무.
★★★ 2채널(2ちゃんねる) : 줄여서 2ch. 일본의 익명 커뮤니티 사이트.

　　　　　　　　　　　　　　　　　　　　　　창의력을 만드는 방법

무라카미 그야 인터넷을 이용하지 않으니까 그렇지요. 그렇다면 그들은 왜 인터넷을 안 하는가? 키보드 탓입니다. 아저씨들은 키보드를 다룰 줄 모르거든. 왜 구글보다 야후가 인기 있는지 아나요? 야후는 장르나 카테고리를 클릭하기만 해도 이용할 수 있기 때문입니다. 반면 구글은 반드시 검색창에다 문자를 입력해야 하지요.

최근에는 많이 나아졌지만 '키보드'는 여전히 난관입니다. 나는 한때 로마자 교육에 키보드를 이용하자고 주장했습니다. 손으로 쓰지 말고 키보드를 치면서 배우자. 초등학교 3학년이면 누구나 키보드를 안 보고도 타자를 칠 수 있게 하자. 그러면 구글이 유행하겠지 하는 개인적인 욕심도 있었습니다.(웃음)

테후 스마트폰 말인데요, 저는 쿼티* 자판이 정말 좋아요. 그래서 아이폰이 나왔을 때 곧바로 피처폰에서 아이폰으로 갈아탔습니다.

무라카미 당연히 그래야지요. 내가 아이들을 데리고 미국에 갔을 때, 나중에 하버드에 들어간 큰애가 당시 중학교 1학년이었습니다. 에세이를 쓰는 과제가 나와서 일종의 교육위원장인 슈퍼인텐던트를 찾아가 어떻게 지도하면 좋을지 물었습니다. 영어가 모국어가 아니라서 지도해주지 않으면 못 한다고. 그랬더니 우선 손으로 쓰지 말라더군요. 타자기로 치거나 가급적 워드프로세서로 작성하래요. 키보드 사용 자체가 교육에 포함되어 있는 겁니다.

★ 쿼티(QWERTY) : 일반적인 키보드 배열. 키보드 좌측 상단의 알파벳 6글자가 차례로 'Q, W, E, R, T, Y' 순이어서 쿼티(QWERTY)라고 불린다.

테후 거기서 완전히 차이가 나는군요. 저는 피처폰의 숫자 키를 문자 입력장치로 보는 의견에도 반대합니다. 블랙베리처럼 피처폰도 처음부터 쿼티 자판을 도입했더라면 좋았을 거예요. 일본어만 입력한다면 숫자 키의 UI도 괜찮지만 국제화 관점에서는 손해가 큽니다.

무라카미 맞는 말일세. 전화기 형태를 고집하고, 국내 시장만 겨냥한 점이 피처폰의 패인이지.

테후 동의합니다. 다만, 저는 별개의 이유로 스마트폰이 보급되어도 피처폰이 살아남으리라고 생각해요. 피처폰이 지닌 이점을 스마트폰이 완전히 대체하지는 못하니까요. 노트북 시장에 태블릿이 나왔다고 해서 노트북이 사라지지 않는 이치와 같습니다.

마이크로소프트에서 윈도우 8을 출시하면서 머지않아 노트북과 태블릿의 경계선이 사라질 거라고 하는데, 제 생각에는 실패하겠지 싶어요. 컴퓨터와 태블릿은 역할이 다르니까요. 노트북 컴퓨터하고 태블릿은 출발부터가 다릅니다. 태블릿은 휴대전화에서 출발한 물건인걸요. 이제와 컴퓨터와 태블릿을 합체한다고 새로운 무언가가 탄생할까요? 저는 아니라고 봅니다.

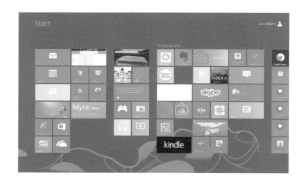

창의력을 만드는 방법

태블릿 흉내를 내어 노트북에 터치 패널을 붙이거나 키보드를 수납할 수 있게 만들어 봤자 전혀 새롭지 않아요. 그럼 이건 태블릿노트인가, 하는 감상에 그치고 말겠죠. 이래서야 뭐가 태어나겠어요. 윈도우 8이 출시 한 달 만에 4,000만 개가 넘게 팔렸다지요. 지금은 신제품이 나온 직후라 잠시 유행할지 몰라도 계속 이렇게 나가다가는 아마 윈도우 10쯤에서 벽에 부딪치리라 짐작합니다. 더 뻗어나갈 곳이 없으니까요.

어쩌면 마이크로소프트도 다 알고서, 다른 속셈을 가지고 이런 작업을 진행하는지도 모르겠습니다. 하여튼 지금까지 해온 방식대로 간다면 아마 윈도우 10 정도에서 막히겠구나 싶어요.

일본 문화와 IT의 적합성

테후 키보드를 다루지 못해서 인터넷에 편견을 가진 아날로그 세대가 아직 많습니다. 이런 상황의 일본에서 IT를 어떻게 활용해야 할까요? IT와 일본 문화가 서로 융합하거나 조화를 이룰 수 있을지, 그 적합성이 좋은지 나쁜지 아리송합니다.

본디 일본인의 문화는 와비·사비侘·寂, 소박하고 정적인 아름다움라고 하잖아요. IT 기술은 화려하다는 인상이 있고요. 그렇지만 옛날 수묵화와 IT를 융합해 영상 작품을 만든 팀랩 같은 사람들도 있고, 하츠네 미쿠*와 같은 일본 특유의 현대 문화도 등장했지요. 일본인이 IT 기술을

★ 하츠네 미쿠(初音ミク) : 크립톤 퓨처 미디어(Crypton Future Media)가 개발한 음악 합성 소프트웨어의 캐릭터.

사용해 독자적인 문화를 창조하고, 나아가 문화권을 형성하는 일이 실제로 일어나고 있습니다.

미국은 IT가 생겨난 국가이고, 아무래도 일본과는 다릅니다. 두 국가의 문화적 배경 차이에 대해서는 어떻게 생각하세요?

무라카미 일본의 문화 콘텐츠와 IT의 적합성은 생활과 직업, 두 가지 측면에서 이야기할 수 있답니다.

방금 테후 군이 제기한 의문은 콘텐츠로서의 일본 문화에 해당하는데, 이제껏 나온 컴퓨터 기술과 일본 문화는 적합성이 안 좋았어요. 왜냐하면, 이제까지의 컴퓨팅은 텍스트 처리 중심이었기 때문입니다. 아무래도 '일본어'라는 언어가 스며들기 어려운 면이 있으니까요.

한데 멀티미디어화가 진행되어 이미지와 영상을 다루기 쉬워지면서 그러한 난관이 해소되고 있습니다. 외국에서도 2차원 평면은 2차원 평면이고, 3차원 입체는 3차원 입체이니 문화의 차이가 마이너스로 작용하지 않아요. IT의 발달과 함께 컴퓨터 조작이 편리해진 덕분에 문화 차이로 인한 마이너스 요소가 사라지고 있습니다.

물론 '텍스트'는 여전히 큰 문제입니다. 전자책만 봐도 그렇지요.

전자책이라고 해도 지금은 단순히 종이책을 화면으로 옮긴 데 불과하다지만, 일본의 출판사들은 가도카와쇼텐 말고는 전자책에 부정적이에요.(웃음) 이건 출판사만 탓할 문제는 아닙니다. 세로쓰기나 루비한자 옆에 독음을 다는 것 같은 일본어의 독특한 규칙을 전자책에 적용하기가 만만치 않으니까요. 그래도 이 문제 역시 점차 해결해 가고 있으니 일본 문화 콘텐츠와 IT의 적합성도 곧 좋아지리라 기대합니다.

테후 말씀을 듣고 보니 확실히 전자책과 같은 일본의 텍스트 문화는 아직 IT와 완전히 결합하지 않았네요. 그러면 콘텐츠로서가 아닌 일본의 문화, 그러니까 아까 말씀하신 '생활과 직업'하고 현대의 IT는 어떤가요? 서로 어우러질 수 있을까요?

무라카미 일본의 사회 구성이나 회사 관습이 IT와 잘 맞는지를 묻는 거군요.

테후 네. 미국에서도 나이 든 분들은 컴퓨터를 꺼리나요? 일본에는 컴퓨터를 꺼리는 어르신이 많이 계시잖아요.

무라카미 한 명도 없다면 거짓말이겠지요. 다만, 컴퓨터를 받아들이는 데 있어서는 일본의 노인들 처지가 훨씬 곤란합니다. 무엇보다 우선 키보드를 못 다루니까요.

미국인이 키보드를 두드리는 행위는 일본인이 원고지 칸을 채우는 행위와 같습니다. 미국에서는 타자를 칠 줄 모르면 학교 성적이 좋지 않아요. 노인이라도 고등교육을 받았다면 그때 타자기를 사용하므로 어쨌든 타자는 칠 줄 압니다. 일본은 아니죠. 이 부분이 일본 노인에게 장벽이 되고 말았어요.

하지만 이제는 아이패드가 새로운 영역을 개척했잖습니까. '태블릿'이라는 세계가 확장되고 있으니 일본 노인들도 바뀔 수 있습니다. '뉴욕 타임스 기자 스타일'로라도 자판을 두드리게 되겠지요.(웃음) 〈뉴욕 타임스〉의 명물 기자는 독수리타법으로 타자기를 친다니 말입니다. 왜 그럴까, 옛날 타자기는 키가 무거워서 그런가.

여하간 일본의 노인도 정보기기를 사용할 수 있게 될 겁니다. 최근에 노인들 모임에 불려 가서 강연한 적이 있어요. 거기서 내가 "요새는 세

살배기도 아이패드를 쓰니까, 여러분 같은 예순세 살배기 아이도 쓸 수 있습니다." 했더니 잘 먹히더군요.(웃음)

이보다 더 큰 장애물은 인터넷에 대한 편견입니다. 인터넷에는 '2채널'하고 '만남 사이트'밖에 없다고 여기는 아저씨들이 수두룩하니까. 대기업의 높으신 분들조차 아침에 비서를 시켜 이메일을 출력하고, 출력된 이메일에 빨간 펜으로 답장을 써서 비서더러 답장을 보내라고 합니다. 이러는 사람이 결코 드물지 않아요. 여간 큰일이 아닙니다.

테후 그런 인식에는 타자 치는 문제를 넘어선 무언가가 있나요?

무라카미 전에 회사를 IT화하려면 무엇부터 해야 하느냐는 질문을 받고 이렇게 대답한 적이 있습니다. "아이패드를 사서 이메일 정도는 스스로 주고받아 보시면 어떨까요?" 단언컨대 사장이 아이패드로 이메일을 보내기 시작했다는 말이 퍼지면 사내 분위기가 달라집니다.

인터넷에 대한 부정적인 이미지

테후 '만남 사이트'나 '2채널'이 인터넷의 이미지로 굳어졌다고 말씀해 주셨는데요, 왜 일본에서는 그런 이미지가 먼저 생겨났을까요? 희한합니다. 적어도 젊은이들은 그런 인상을 안 받았거든요. 어딘가에서 세대가 단절되어 인터넷을 바라보는 관점이 일변했나 싶기도 합니다. 왜 그럴까요?

무라카미 일본인은 굳이 따지자면 매사를 부정적으로 보는 경향이 있습니다.

테후 일본인의 성격 문제라는 말씀이시군요.

무라카미 지레 걱정하는 국민성이라고 할까.

인터넷이라는 새로운 매체를 반대하는 사람들은 다른 건 덮어놓고 수상한 점부터 찾으려 듭니다. 그러니 당연히 수상할 수밖에 없지요.(웃음) 어느 유명한 저널리스트가 '2채널'을 가리켜 '화장실 낙서'라고 하였는데, 솔직히 얼추 맞는 말입니다. 고등학생인 테후 군에게 말하자니 좀 뭐하지만 새로운 미디어는 '19금'에서 시작되는 법인지라. 따라서 '2채널' 다음으로 '만남 사이트'가 눈에 띄게 마련이지요, 사정이 이러하니 인터넷에 아무런 책임이 없다고 보기도 어렵습니다.

문제는 이런 인상이 젊은이들 하는 일에 트집 잡는 방향으로 흐른다는 겁니다. 특히 몰라도 모른다고 말하지 못하는 일본 아저씨들의 강한 자존심, 혹은 오기가 인터넷에 대한 나쁜 인상을 더욱 심화하는 면이 있습니다.

테후 그런 식의 사고방식이 인터넷 거부로만 나타났나요? 다른 부분, 이를테면 일본에서 혁신이 일어나지 않은 이유와도 연결되지 않을까요?

무라카미 그 부분까지 논하려면 이야기가 좀 어려워지는데, 어떻게 말해줘야 하려나.

얘기가 너무 커지지 않게 범위를 좁힙시다. 일본의 컴퓨터 산업에서 미국을 능가하는 혁신이 일어나지 않은 이유를 말해보죠. 일찍이 프로그래머였던 내 경험에 비추어 이야기하자면, 일본이 컴퓨터 산업을 전략 산업으로 육성하기 시작했을 때는 어쩔 수 없이 공학적 측면을 강조할 필요성이 있었습니다. 더없이 조직적이고 근대적일 필요가 있었어요.

소프트웨어 코딩은 저술이다

무라카미   테후 군처럼 요즘 시대에 앱을 만드는 사람은 목수와 같은 감각으로 작업을 하지요. 하지만 일본의 컴퓨터 산업에는 그런 감각이 없었습니다. 종합건설회사에서 건물을 올리듯이 여럿이서 구조 계산을 끝낸 다음 일정표를 작성해 철골을 쌓아 올리는 방식을 고수했지요. 그렇게 해서 은행 시스템이라든가 JR의 매표·안내 센터 시스템과 같은, 세계가 칭찬하는 시스템을 만들었다는 점은 인정합니다. 그러나 그것만으로 충분할까요? 일본은 대규모 소프트웨어 제작만을 중심으로 한 흐름을 반성해야 합니다.

아까 일본 프로그램은 제작자의 이름이 없다고 했는데 그것과도 관계가 있습니다. 미국에서는 소프트웨어도 작품이라고 인식합니다. 반면 일본에는 제작자가 확실한 프로그램이 3가지 정도뿐이지요. 소프트웨어 구축이 개인적인 작업이라는 인식 자체가 없었습니다.

테후   회사나 연구소 같은 조직에서 만들었기 때문에 개인의 이름이 남지 않는다는 말씀이로군요.

무라카미   그래요. 나는 항상 얘기합니다. 소프트웨어를 만드는 '코딩'은 저술과 같다고. 일본의 소프트웨어 제작 방식은 이렇습니다. 장편소설을 쓰는데 제1장 아무개, 제2장 아무개, 제3장 아무개, 제4장 아무개 하는 식으로 분담해서 쓰게 합니다. 이런 방식은 소프트웨어 제작에 비효율적입니다.

왜 그런지는 소설을 쓰는 과정을 상상해 보면 이해하기 쉬워요. 하나의 이야기를 쪼개면 쪼갤수록 앞뒤를 맞추기 어려워지지 않습니까. 3장을 쓰던 아무개가 나중에 2장을 읽고서 "어라, 이 사람 2장에서 이미 죽었네." 하는 일이 발생해 버려요. 혼자 쓰면 누가 어디서 죽고, 누구는 살아남고, 결말에 이르러 범인이 이 녀석이라는 사실을 다 알지요. 경우에 따라 조수는 필요할지 몰라도 뼈대를 쓰는 작가는 한 명인 편이 낫습니다. 하지만 1970~1980년대 일본에서 소프트웨어를 만들던 대기업은 이렇게 생각하지 않았죠.

집단 작업을 하면 개인의 참신한 아이디어를 채용하기가 어려워요. 합의제로 움직이니까요. 누군가 카리스마 있는 인물의 한마디가 모두를 새로운 도전으로 이끄는 일도 다행인지 불행인지 일본에는 없었습니다. 물론 그 덕에 은행의 온라인 시스템이며 JR의 매표・안내 센터 시스템 같은 대규모 시스템이 무탈하게 완성되기는 했지만.

요즘 시대에는 아이폰 앱이나 안드로이드 앱을 만드는 작업이 거의 개인기나 매한가지입니다. 내가 이런 이야기를 하면 "정말요? 옛날에는 그런 식으로 만들었나요?" 하고 놀라는 시대가 되었지요. 만약 일본에 사상 첫 혁신이 일어난다면 이제부터가 아닐까 합니다.

구글이 나무실을 2나니간 개방하는 이유

테후 저는 고등학교 동아리에서 규모가 큰 시스템을 만들기도 하는데요, 그럴 때는 아무래도 여럿이서 합니다. 여럿이라고 해봤자 둘이나 셋이지만요. 아무튼 그때도 일정표를 세워 팀 작업을 하는 편이 빠를지 아니면 개인 작업을 하는 편이 빠를지 고민했습니다.

무라카미   당연히 전부 혼자 하기 힘든 작업도 있습니다. 그래도 3명 정도가 최대지요.

지금은 만드는 방법도 진화하여 거대한 건물을 1층부터 짓지 않고, 각 층을 따로 만든 뒤 블록처럼 쌓아 올리는 방식이 실현되고 있습니다. 매크로 명령어 또한 큰 기능성을 가진 언어체계로 탈바꿈하고 있으니 날로 소규모 작업이 대두하지 않을까 싶어요. 하나하나 직접 코딩하지 않아도 되는 부분이 많아지니까.

어쨌거나 현재로서는 구글 같은 집단에서도 코딩 스타일을 제한하거나 코드 리뷰를 실시합니다. 코드 리뷰란 프로그램을 어느 정도 작성한 시점에서 모두 모여 코드를 읽고 맞추어 보는 작업입니다. 집단으로 작업하는 이상 필요할 수밖에 없는 작업이지요. 이런 면에서 보면 일본식 엔지니어링이 오로지 손해만 끼쳤다고 단언하기도 어려워요. 문제는 지나치게 한쪽으로 치우쳤다는 것입니다.

테후   최근에는 해커톤*이라는 방식도 있지요. 저도 몇 번 해봤어요. 두세 명으로 구성된 팀은 효율이 높고, 집중력을 높이는 데는 아주 그만이에요. 한 번은 하루에 18시간씩 6일 동안 참여해본 적이 있는데 끝마치고 나니 파김치가 되더라고요.

무라카미   코딩이 저술과 같다는 점은 그런 부분에서도 드러나는군요. 구글이 사무실을 24시간 내내 개방하여 사원이 몇 시까지든 머무를

★ 해커톤(hackathon) : 프로그래머와 디자이너가 모여 일정 기간 집중적으로 소프트웨어를 개발하는 행사. 해커톤은 '해크(hack)'와 '마라톤(marathon)'을 결합한 조어이다.

수 있는 환경을 조성해둔 이유도 코딩이 저술 작업이기 때문입니다. 마감이 지났는데 원고를 안 넘기는 작가가 있으면 출판사가 그 작가를 온천에다 가둬놓고 쓰게 하는 것과 비슷합니다.

실제로도 코드를 쓰기 시작했다면 단숨에 써내려가는 편이 낫습니다. 체력에 한계가 와서 졸리고 집중력이 떨어질지라도 한창 논리를 구축하는 중이니까 그대로 밀어붙이는 게 최고입니다. 집중력이 흐트러졌을 때 작업을 멈추면 어떤 면에서는 효율이 높겠지만 그러면 자면서도 디버그debug*하기도 하니까요.(웃음) 꿈속에 신이 나와서 "야, 너 결과 값 구하다 말았잖아."라고 지적하면 퍼뜩 눈이 뜨입니다.(웃음)

변화하는 소프트웨어 개발 환경

테후 여럿이 와글와글 모여 일정표대로 만드는 일본의 집단 작업 방식은 현재에도 남아 있습니다. 특히 대기업에요.

무라카미 대기업은 대규모니까 집단 작업 방식을 택해도 무방하다고 봅니다. 문제는 집단 작업을 하면 독창성을 지닌 새로운 사고가 생겨나기 어렵다는 점입니다.

테후 그 말씀을 들으니 문득 이런 장면이 떠오릅니다. 일본 대기업의 시스템 엔지니어들이 작업하는 현장인데, 일반 사무실처럼 똑같이 생긴 책상들이 가로로 가지런히 늘어서 있고, 엔지니어는 그 책상에 놓

★ 디버그(debug) : 컴퓨터의 프로그램이나 시스템에서 오류를 검출하여 제거하는 작업(역자 주)

인 컴퓨터와 마주 보며 일합니다. 그러다가 용무가 생기면 팔걸이의자에 앉은 채 바퀴를 굴려 이동하고요.

무라카미　지금도 그렇지요.

테후　꼭 구글이 아니더라도 미국의 기업은 한 사람 혹은 두세 사람이 파티션으로 구분된 공간에서 작업합니다. 저마다 일하기 편한 환경을 스스로 만든다고 할까, 회사에서 제공하는 대로 일한다는 느낌은 안 들어요.

무라카미　대개 팀 단위로 한 구획에 3사람씩 들어가 작업하는 경우가 많지요.

이건 시대성과도 연관이 있습니다. 인터넷이 나오기 전과 나온 후의 프로그래밍은 서로 다르니까. 일본은 어느 쪽인가 하면 인터넷이 나오기 전 방식을 그대로 쓰고 있습니다.

피처폰 소프트웨어 제작은 3D 직종이다, 그러니 정보공학과로는 눈길도 주지 마라, 선배들 고생하는 거 못 봤느냐. 이런 이야기가 공공연하던 때가 있었고, 그런 시대에 소프트웨어를 개발하던 기업의 업무 환경은 낡고 고루했습니다.

테후 앞으로는 바뀌겠지요?

무라카미 바뀐 겁니다. 지금처럼 아이폰에는 아이폰용 운영체제iOS가 있고, 그것을 기본으로 앱을 제작하여 오로지 앱 시장만 겨냥하는 시대에는 여럿이서 밤을 새워 일할 필요가 없으니까요.

더군다나 요즘은 팔리든 안 팔리든 결과가 즉시 나오기 때문에 사용자와의 밀접한 감각이 요구됩니다. 따라서 창조적인 사람일수록 뛰어난 앱을 만들 수 있고, 실제로 그런 사람들이 나오고 있지요. 개인의 기량을 주목하는 세계로 변해가고 있어요.

아이폰 앱이나 안드로이드 앱을 스스로 만들어 월수입 500만 엔을 달성하는 사람이 나타났다는 건 경사스러운 일입니다. 스마트폰 '앱'이 투명한 '앱 시장'을 마련해 주었으니, 그쪽으로 뛰어드는 젊은이들이 넘어야 할 장벽이 확 낮아진 셈이지요.

문제는 그다음 단계입니다. 아이폰 앱이 히트를 치고, 큰돈을 벌었으니 그것으로 만족하는가? 이것을 물으면 또 이야기가 달라져요. 테후 군은 어떤가요?

테후 말씀에 동감합니다. 앱은 어디까지나 하나의 관문이잖아요. 그쯤에서 그쳐 버리면 섭섭하지요. 앱을 만드는 작업 자체가 즐거우니 계속 만들기야 하겠지만요.

아시아의 IT는 위협적인가

테후 저는 한국과 중국 같은 아시아 국가들의 IT를 보면 위협을 느낍니다. 경제적으로는 중국이 이미 GDP국내총생산에서 일본을 추월했다지만 그거야 인구가 일본의 10배니까, 앞으로도 더욱 성장하겠지요. 하지만 다른 분야에서도 헝그리정신으로 바싹 뒤쫓아 오고 있습니다. 대만 기업인 훈하이가 일본의 샤프를 흡수하려고도 했었지요. 이렇듯 아시아의 IT가 일본을 위협한다고 느끼는 사람은 저 말고도 많을 겁니다.

중국이 풍부한 인적 자원에 의지하여 오로지 인력을 동원하는 방식으로만 움직이는 면도 분명 있습니다. 인도도 그렇고요. 제 눈에는 그들 국가가 옛날 고도 경제 성장기의 일본과 겹쳐 보입니다. 그렇게 생각하면 중국이든 인도든 여타 아시아 국가가 이른 시일 내에 일본의 기술을 넘어서지는 못할 것 같고요.

일본은 타이밍이 절묘했어요. 그때가 아니라 지금 고도 경제 성장을 맞이했다면 절대로 지금처럼은 안 됐겠지요. 아마 중국하고 똑같지 않았을까요. 일본의 고도 성장은 알맞은 시점에서 끝났습니다. 안정 성장으로 들어섰을 때 오일쇼크가 일어나 에너지 절약에 돌입했고, 그 결과 기술 개발 또한 선진국이 경제 성장 후 직면하는 문제를 해결하는 방향으로 전환되었습니다. 그것을 지금까지 지속하고 있는 측면이 좀 크다 싶기는 하지만요.

제2차 세계대전이 종식되고 30년쯤 지나 세계 경제가 침체된 시기에 일본만이 에너지 절약 기술로 우뚝 성장했습니다. 그랬기에 지금의 일본이 있는 거라고 저는 생각합니다. 경제 성장이 한계에 다다른 현재의 중국을 보면, 중국이 아직 당시 일본의 에너지 절약과 같은 새로운 방향을 찾아내지 못했다는 판단이 들거든요.

다만, 중국이 따라붙는 만큼 일본도 더 성장하여 현재의 위치 관계를 쭉 이어갈지는 의문스럽습니다. 무라카미 선생님께서는 어떻게 느끼시나요?

무라카미 어려운 질문이군요. 몇 가지 측면에서 살펴야만 하는 문제입니다.

나는 일본이 계속 우위에 서리라는 안일한 생각은 추호도 하지 않습니다. 새로운 기술이 차례차례 등장하고, 일찍이 첨단을 걷던 기술이 진부해지는 시대가 반드시 올 테니까요. 일단은 미국과의 관계도 있으니 일본이 아시아 외의 국가에게 뒤처질 가능성은 희박하겠으나, 팔짱 끼고 보면서 계속 우위를 유지할 수 있다는 식의 달콤한 생각은 안 합니다.

중국의 핵심 세력은 소위 '태자당'이라고 불리는 사람들입니다. 그들은 중국 공산당 간부의 자제로 철저한 엘리트 교육을 받고 해외에 머물며 공부합니다. 셰릴 샌드버그* 같은 사람도 "노리오, 중국인들이 당신보다 영어를 잘해요."라더군요.(웃음) 그래서 내가 "그런 것 같아요. 내가 보스턴에 있을 때 젊은 공산당 간부의 자제들을 알게 됐는데, 글쎄 그 녀석들은 하버드 같은 데서 공부를 했더라고요."라고 말했더니, "그래요. 다들 하버드를 나온다고요."라고 말하더군요.

★ 셰릴 샌드버그(Sheryl Sandberg, 1969~) : 페이스북의 최고운영책임자(COO). 하버드 대학교 졸업. 구글에서 광고 사업 전략으로 솜씨를 발휘해 부사장으로 근무. 2008년부터 페이스북에 합류하여 2012년 6월 페이스북 첫 여성 이사로 취임.

중국은 아주 전략적입니다. 국가 차원에서 원어민 수준으로 영어 의사소통이 가능한 사람들을 육성하고 있습니다. 여기에는 분명 정치적인 목적이 있고요.

방금 인해전술 같다고 말하기는 했는데, 테후 군은 중국의 IT 파워를 어떻게 분석하지요?

테후 지금이야말로 중대한 시기라고 봅니다. 중국은 분기점에 이르렀어요. 중국의 국제적 위치가 부상할수록 여태껏 자행해온 '카피copy'가 더는 용인되지 않을 테니까요.

이제는 카피도 나름 전통이겠다는 야유를 받고 있지만, 10년 전까지만 해도 미국을 비롯한 선진국들은 중국이 베껴가도 "별수 없지, 너 그렇게 봐주자." 하는 분위기였어요. 그랬던 분위기가 서서히 변해서 "GDP 세계 2위 국가가 그러면 쓰나." 하는 식으로 압력을 넣게 되었지요. 상황이 이러하니 국가 내부에서도 이제는 자력으로 헤쳐나가야 한다는 분위기가 높아지는 것 같습니다.

중국 대륙은 몰라도, 적어도 대만에는 확실히 그런 움직임이 있습니다. 대만의 홍하이鴻海 기업처럼 베끼는 게 아니라 우선 하청을 받아 돈을 벌고, 철저히 자본으로 브랜드를 인수하여 세력을 점점 넓혀가는 것이죠. 기존의 간사한 수단이 아닌 정당한 방식으로 일본에 들어오는 경우가 생겨나는 추세입니다. 기술도 기술이지만 저는 이런 경영상의 위협이 무척 염려됩니다.

다른 나라에서 일한다는 선택

무라카미 　테후 군은 부모님이 중국인이시니 일본에서 자란 중국계 일본인이지요. 중국에 관해서는 말하기 괴로운 부분도 있겠어요.

테후 　이름도 핏줄도 중국 쪽이에요. 하지만 출생지가 일본이고, 학교도, 자란 곳도 일본이다 보니 두 국가 사이에서 입장이 난처합니다. 굳이 한쪽을 택한다면 일본과 좀 더 가까운 느낌이고요.

여기에는 제가 나다 고등학교 학생이라는 점이 크게 작용해요. 나다 고등학교는 일본의 엘리트 학생들이 모이는 곳이니까요. 그곳에 있다 보면 아무래도 일본의 사고방식과 문화가 좋아지게 마련이거든요. 게다가 중국에 관해서는 아직 잘 모르겠다고 느낄 때가 있어서.

무라카미 　너무 신경 쓰지는 말게. 어느 나라 국민으로 살아갈지를 지금 결정할 필요는 전혀 없으니. 국제적으로 일하다 보면 국적은 문제가 안 돼요. 구글만 봐도 동료의 국적을 나중에야 알고서 "아, 그랬어?" 하는 대화가 종종 오가지요. 미국 같은 경우는 노동허가서working permission만 있으면 일하는 데 아무런 지장이 없어요. 현재 국적은 어디지요?

테후 　중국입니다. 여권의 국적도 당연히 중국이고요. 그렇다 보니 외국에 나갈 일이 생기면 절차가 복잡해요. 특히 미국에 갈 때는 비자가 필요하기 때문에 계획한 시기에 떠나지 못하기도 해서 곤란합니다.

최근에 갔을 때는 1년 전에 취득한 비자가 있어서 우편으로 어찌어찌 해결했지만, 그전에는 매번 미국 영사관까지 가서 신청했어요. 영사관은 평일 아침에만 여니까 학교도 못 나갔고요. 그럴 때마다 제 입장을 깨닫습니다. 이런 처지다 보니 영토 문제는, 진심으로 난감합니다. 겉으로 내색은 안 해도 마음속으로는 온갖 생각을 합니다.

무라카미 주목을 받고 있는 만큼 의견을 드러내기가 조심스럽겠군면.

테후 그렇지요. 한 국가에 마음 붙이기 힘든 입장이에요. 뒤집어 생각하면 세계로 나아가기 유리한 입장이기도 하죠.

하지만 만일 지금 일본과 중국 사이에 전쟁이 일어난다면 저는 정말 어떻게 해야 할지…….

극단적인 상상이기는 해도 역시 괴롭습니다.

무라카미 제2차 세계대전 때 미국과 일본 사이에 실제로 그런 일이 발생했습니다. 미국에 살던 일본계 미국인들이 수용소에 갇혔어요. 미국에서 살아가기 위해, 충성심을 증명하고자 지원병이 되어 전쟁터로 나간 사람들도 있지요. 많은 사람이 유럽 전선으로 출동했습니다. 태평양전쟁에서 절대 포로가 되지 않겠다는 일본 병사들에게 투항을 호소하던 일본계 미군 병사들도 있었습니다. 미국 군대에 남아 '나는 누구인가'를 고민하는 괴로운 입장에 처한 사람도 있었겠지요. 그건 심리적 재앙입니다. 그것이야말로 어른의 책임이고, 결단코 그런 상황을 일으켜서는 안 됩니다. 안 되는데…… 도무지 예측을 허용하지 않는 상황이 존재하는 이 세상이 안타까울 따름입니다.

창의력을 만드는 방법

로봇이 전쟁을 하는 시대

테후 인공지능에 관해 더 여쭙고 싶습니다.

요전에 텔레비전에서 나노테크놀로지의 세계를 봤는데요. 뇌의 신경 세포와 뉴런의 구조를 물질로 재현해서, 인간의 뇌와 동일한 방식으로 정보를 전달하면 저절로 네트워크가 형성되는 단계까지 실험이 진행됐 더라고요.

그것은 곧 해당 기술이 완성되면 뇌를 전자 회로로 재현할 수 있다는 말인데, 아아, 무섭다는 생각이 들었습니다.

무라카미 시냅스는 접합부로써 뉴런 하나가 여러 뉴런에게 정보를 입력받아 출력하는 구조입니다. 유형만 이해하면 얼마든지 소프트웨 어로 구성할 수 있어요. 그것을 디지털 컴퓨터 상에 구현하려는 방식이 인공지능입니다.

테후 제가 본 방송에서는 그 기술이 굉장하다고 소개하지 않고, 위 험성을 경고했습니다. 장차 감시 사회가 도래할지도 모른다고요. "모 든 컴퓨터에 인공지능이 탑재되고, 여러분은 감시당합니다. 이런 세계 는 싫네요."라고 가볍게 말하던데 겨우 그 정도로 그치지 않겠지요.

무라카미 그럼요. 거기서 그칠 리 없지요. 그건 생활 전반을 뒤엎을 만한 기술입니다.

테후 이런 흐름 속에서도 일본인은 여전히 '과학기술 진보가 인간을 행복하게 하는가.'라는 수준의 관점을 유지하고 있습니다. 미국과 중국 은 이미 '다음은 인공지능'이라며 자본과 인력을 쏟아부어 정상을 차지하려는 기운이 가득 차 있습니다. 우리가 의식을 전환하지 않는다면 따라갈 수 없게 되겠지요. 그렇지 않으면 바꾸지 않는 편이 행복할지도 모르겠지만요.

무라카미 아까 내가 인공지능이 완성되면 전투기에 실릴 거라고 했는데, 인공지능을 탑재한 전투기는 스스로 판단하고 행동할 수 있습니다. 예컨대 "적이다, 폭격하라." 혹은 "아군이다, 통과." 하는 식으로.

다만, 인공지능은 아시모프의 로봇 3원칙[*]을 벗어나서는 안 됩니다. 로봇 3원칙은 다음과 같습니다. 첫째, 인간에게 위해를 가하지 않는다. 둘째, 인간의 명령에 복종한다. 셋째, 위의 두 가지 조항을 위반하지 않는 한에서 자기 방어를 한다. 그렇지만 인공지능이란 게 메모리 일부가 망가져 버리면 원칙을 무시하고 아무렇게나 미사일을 쏘아댈 가능성이 없지 않아요.

테후 시리siri는 인공지능과 목표가 전혀 달라서 인간이 만든 기능까지만 작동합니다. 반드시 인간이 기능을 추가해줘야만 작동하는 시스템이지요. 그래서인지 시리는 최종적인 인공지능과는 그 형태가 다르다는 생각이 듭니다. 유사 인공지능 같다고 할까.

시리에는 "A라고 물으면 A라고 답변한다."라는 방정식이 있습니다. 하지만 장래의 인공지능은 제가 A라고 말했을 때 상대가 B라고 할지 C라고 할지 모르는 시스템이겠지요. 진짜 사람들끼리 나누는 대화처럼

★ 로봇 3원칙 : SF작가 아이작 아시모프(Isaac Asimov, 1920~1992)가 1950년에 쓴 단편집 《아이, 로봇》에서 제창된 로봇이 따라야 할 3원칙. 현실의 로봇 공학에도 영향을 미쳤다.

창의력을 만드는 방법

말이에요. 그것이 진정한 인공지능 아니겠어요? 현재의 시리는 그저 인공지능과 엇비슷해 보일 뿐입니다. 실제로 지능이라기보다 단순한 소프트웨어 같아요.

결국, 인공지능에는 두 가지 방향이 있다고 봅니다. 하나는 많은 데이터를 어떻게 처리하느냐. 시리의 방향이지요. 인간의 뇌에 필적하거나 뇌를 넘어서는 대량의 지식을 처리하는 방식에 대한 문제입니다. 다른 하나는 어떻게 감정을 부여하느냐에 대한 것인데, 둘 중 더 실현하기 쉬운 쪽은 당연히 전자이므로 일단 데이터 처리에 집중해서 현재의 기술 수준에 도달했습니다. 이제는 후자를 고민하는 단계에 들어선 참이고요.

감정을 어떻게 해야 할까요. 인간이 프로그램을 짜서 감정을 표현한다는 건 무리에요. 감정은 패턴이 무한한데, 뇌의 작동 원리조차 해명되지 않은 시점에서 인간이 어떻게 감정을 재현할 수 있겠어요.

예를 들어 재미있어서 "하하하" 웃음이 나오는 원리는 무엇일까요? 수수께끼같아요.(웃음)

완벽한 인공지능 구현이란 무모한 일인지도 모릅니다. 장차 인공지능을 전쟁에 사용할 정도라면 별로 감정을 담을 필요도 없고요. 설령 그 이상을 만들 수 있을지라도 적당한 수준에서 멈췄으면 하는 바람이 있기도 합니다.

인류에게는 무서운 면이 있어요. 영화나 소설에서 절대로 하지 말라고 누차 경고해온 일을 기어코 저지릅니다. 픽션으로 봤을 때는 '저러면 안 되지!'라고 생각했을 텐데도.

군사적 이용과 평화적 이용 사이에서

무라카미 인공지능을 전쟁에 이용하는 건 두렵지만 평화적으로도 다양하게 쓸 수 있습니다. 이를테면 간호 로봇도 있고, 무인 자동차도 있지요. 운전석에 사람이 앉을 필요가 없어지면 교통사고도 사라질 테고. "이제는 교통사고도 발생하지 않게 되었군요."라고 이야기할 날이 머지않았습니다.

테후 군사와 평화, 둘 중 어느 쪽이 주된 목적이 되느냐가 관건이겠군요. 기술 혁신에는 양면이 있기 마련이니까요.

무라카미 맞는 말일세. 의도가 있든 없든 군사 기술에 이용되는 상황은 불가피할 테니.

테후 무척 동감합니다. 결국, 기술은 인간의 이익을 위해 만들어진 것이잖아요. 인간의 이익이란 처음에는 돈이었을지 몰라도 마지막에는 영토니 뭐니 하는 국가주의로 이어져 갖가지 위험을 자초합니다.

하물며 IT는 군사에서 시작하여 민간에 적용되었고, 새로운 혁명을 일으킨 끝에 다시 군사로 흘러가고 있지요. 이런 식으로 군사에서 출발하여 민간을 거친 뒤 군사로 돌아가는 흐름은 결코 흔하지 않아요. 흥미로운 현상입니다.

저희 세대는 전쟁을 겪어본 적도 없고, 전후의 가난한 시대도 모릅니다. 운이 좋지요. 그래서라고 생각하는데, 몰라서 문제인 면이 있어요. 뭐가 위험한지 모르니까 어떤 상황이 벌어졌을 때 함부로 행동할 위험성이 크게 내재해 있는 듯합니다. 저는 입장이 입장이다 보니, 중국인

창의력을 만드는 방법

의 피가 브레이크 역할을 해주어서 현재를 객관적으로 보는 편이지만요. 그런데 인터넷을 보면 제 또래에도 극단적인 사고에 물든 사람이 있습니다. 넷우익* 수준에서 머물면 그나마 다행이지만, 현실 세계로 뛰쳐나가 본격적인 행동을 개시하는 사람도 있어요. 모쪼록 다들 냉정해지면 좋겠습니다.

무라카미 내가 낙천주의자라 그런가, 나는 인류가 문제를 잘 해결하면서 발전할 거라고 믿습니다.

현 시점에서 흔히 상정되는 미래 시나리오는 2050년이 오면 인구가 80억에 도달해 정점을 찍고 차차 감소한다는 것입니다. 어떤 국가든지 경제 성장기 초반에는 대체로 인구가 증가합니다. 영양 부족으로 사망하던 아이가 살아남게 되니까요. 그러면 부모는 아이에게 좋은 교육을 시키고, 맛있는 음식을 먹이고, 예쁜 옷을 입히느라 돈을 쓰게 됩니다.

이렇게 아이에게 들어가는 비용이 커지면 이번에는 출산율이 떨어집니다. 적게 낳아 잘 키우자는 움직임이 대두되며 가족 구성이 변화하지요.

요컨대 인구는 경제 성장과 동시에 증가했다가 어느 시점부터 다시 감소합니다. 따라서 선진국의 출생률 저하는 자연스러운 현상입니다. 일본은 좀 지나친 면이 있지만.

어쨌거나 지구에는 아직 개발도상국이 많아서 계속 인구가 증가하고 있는 형편이지요. 그 사람들이 지금의 생활을 벗어나려면 인류 전체의 생산성이 향상되어야만 합니다. 식량 생산도 그렇고, 에너지 문제도 그

★ 넷우익(Net右翼) : 인터넷상에서 보수적인 발언을 하는 사람들.

렇고 과제가 산더미처럼 쌓여 있어요. 인류가 이 지구라는 행성에서 인간을 최대 몇 명까지 양육할 수 있는가 하는 큰 문제는 아직 해결되지 않았습니다. 이 문제를 해결하려면 과학기술이 좀 더 발전해야 합니다.

최근 원자력 발전에 대해 말이 많지요. 나는 에너지 문제의 종착지는 태양광 발전이어야 한다고 봅니다. 그럼 식량 생산은 어떻게 하는가. 태양광 발전으로 얻은 전기 에너지를 이용하는 온실을 세워 공장처럼 운영하면 됩니다. 그것을 이룰 수단은 과학기술밖에 없어요. 그러니 역시 과학기술은 아직 더욱더 발전할 필요가 있지 않을까요.

IT는 생활방식을 바꿀 수 있을까

테후 무라카미 선생님 말씀대로 인류가 생산력을 높이려면 기술 혁신이 필요합니다. 그 혁신의 중심에서 IT가 힘을 발휘할 수도 있고요. 다만, IT가 모든 문제를 해결할 줄 여기는 사람이 의외로 많은 것 같아요. 제가 보기에는 그렇게 간단한 문제가 아닌데도요.

물론 실제로 현대 사회에서는 IT 덕분에 일하기가 훨씬 수월해졌습니다. 그러나 IT를 누리기 위해서는 스스로 노력해야 합니다. IT 덕을 볼

수 있는 수준까지는 자기 실력으로 도달해야 하지요. 그건 변하지 않습니다. 'IT를 사용하지 못하는 아날로그 세대'를 어찌하느냐에 대한 문제도 여전하고요.

저는 IT가 생활방식이나 사고방식에 미치는 영향에 관심이 많습니다.

그 점에서 SNS나 트위터는 잠재력이 어마어마합니다. 그동안 줄곧 아무것도 모르고 학교만 다니던 사람이 SNS를 통해 외부와 이어져 꿈도 사고방식도 다른 사람들과 접촉합니다. 그러다 자기가 하고 싶은 일을 발견해서 꿈을 향해 발걸음을 내딛는 사람이며, 재미난 일을 시작하는 사람이 제 주변에도 잔뜩 있거든요. 그러니까 아날로그 세대에게는 좀 미안한 말이지만, IT는 스스로 활용하기 나름입니다.

그리고 보면 요즘은 SNS 이용자가 늘었는데도 IT를 그저 놀이도구로만 사용하는 학생이 많더라고요. 진지하게 장래를 고민하거나 어떻게 쓸까 궁리하는 사람이 지나치게 적어요.

살아가는 데 IT가 꼭 필요하다는 생각은 하지 않아도 괜찮지만 확실히 얕잡아본다고 할까, 'IT=공짜 장난감'이라는 인식이 있어요.

디지털 네이티브 세대는 컴퓨터를 활용해 놀라운 작업을 하는 사람을 치켜세웁니다. 그런 한편으로 대다수의 평범한 디지털 네이티브 세대는 도리어 안 좋은 방향으로 변하는 것 같아 걱정입니다.

무라카미 이것 참 곤혹스럽네요. 끊임없이 꿈을 좇는 노인으로서 전략적으로 발언하자고 결심한 바가 있는 터라.

사실 테후 군 말대로입니다. 그 말이 맞아요. 하지만 나 같은 사람이 그런 의견을 내면 누가 신이 나겠습니까. IT는 곧 '2채널'과 '만남 사이트'라고 여기는 아저씨들입니다. 나는 그것이 싫어서 가급적 IT의 가능성을 긍정적으로 보고 발언하도록 신경 쓰고 있답니다.

일본의 아저씨들, 이미 쉰을 넘긴 아저씨들, 그것도 대기업에 종사하는 아저씨들이란 그 정도로 대책이 없어요. 그냥 자기가 모르니까 무작정 반대하거든요. 지금까지 해온 방식이 낫다면서. 그들이 사라지기 전까지는 언제 어디서든 "힘내라, IT!"의 입장을 취하자, 이것이 내 전략이랍니다.

창의력을 만드는 방법

CHAPTER

| 테후의 생각 |

'슈퍼 중학생'
풍운록 1 :
내 인생을 바꾼 아이폰 앱

중국인 학교에 다닌 5년간

저는 1995년 효고 현 고베 시 추오 구에서 태어났습니다. 부모님은 두 분 모두 중국인이세요. 아버지도 어머니도 중국에 계실 때는 오페라 가수였습니다. 음악가 집안이지요.

중국에는 세 번 가보았습니다. 2010년 상하이 엑스포 관광이 세 번째 방문으로 이전의 두 번은 유치원생이었을 때라 전혀 기억나지 않아요. 부모님 가족은 대부분 중국에 계시는데 찾아뵐 기회는 없더라고요.

외할아버지가 수석 엔지니어, 외할머니가 대학교 교수이시다 보니 외가는 비교적 유복한 가정이었다고 합니다.

아버지는 일본에 유학하러 오셨대요. 오고 보니 그때껏 쌓아온 경력을 인정해 주지 않아서 힘든 일도 많으셨던 모양입니다.

새로운 물건을 좋아하시는 아버지 덕분에 일찍부터 집에 컴퓨터가 있었고, 저도 두 돌 무렵부터 컴퓨터를 만졌습니다.

초등학교는 고베 중화동문학교를 다녔습니다. 중국인 학교인데 이누카이 쓰요시 수상이 명예교장을 지낸 곳입니다. 화교의 자제를 위해 세워진 학교여서 중국의 정치 교육과는 무관한 학교에요. 6학년을 앞두고 나다 중학교에 들어가기로 결정한 다음에는 일본 공립 초등학교를 다녔지만 5학년 때까지는 중국인 학교에서 지냈습니다.

학원은 구몬일본 구몬 교육연구회을 다녔습니다. 과목은 산수와 영어였고요. 다녀서 다행이었어요. 구몬 영어는 질보다 양이었습니다. 중학교 수업처럼 문법 위주로 공부하는 게 아니라 오로지 문장을 읽고 쓰는 방식이라 감각으로 익혔습니다. 돌이켜보면 그런 방식이 영어 습득에 꽤 효과적이었어요. 비록 입시 문제에서는 점수를 못 땄지만요.

문법 위주로 공부한 사람들하고 사고회로가 달라서 문법적으로 틀린 문장을 고치라는 문제가 나오면 맞출 수가 없어요. 말로 하면 의미가 통하는데 문법이 틀리는 경우가 자주 있습니다.

구몬 산수는 효과가 있었는지 잘 모르겠어요. 마냥 계산만 하니까 머리 회전은 빨라졌을 수도 있지만, 저는 여전히 셈에 서투릅니다. 정확히는 서툴다기보다 질색이에요.(웃음) 계산은 컴퓨터에게 맡기면 된다고 여기는 사람인지라. 아, 숫자 읽기는 특기가 됐는지도 모르겠습니다.

"너는 명문 나다 중학교에 들어가야 한다."라는 부모님 말씀에 따라 초등학교 4학년 때부터 졸업할 때까지 3년 동안은 죽어라 수험 공부만 했습니다. 지금은 좀 후회스러워요. 그 시기가 아니면 못 하는 경험도 있었을 텐데. 여하간 결국 나다 중학교에 들어갔으니 헛공부가 되지는 않았지요. 그렇게 공부하고 떨어졌더라면…… 상상하니 등골이 오싹하네요.(웃음)

굳이 성향을 따지자면 저는 어릴 때부터 주목받기를 즐기는 아이였어요. 사람들 앞에 서는 일이 좋고, 리더십도 있어서 반장을 맡기도 했어요.

수다쟁이 기질도 있습니다. 학원에 들어가면서부터 말이 많아졌는데, 수업 중에는 조용하다가 쉬는 시간이 되면 재잘재잘 떠들었습니다.

집에 돌아와서는 펜을 쥐고 조용히 공부했지만요. 아마 외동이라 그랬겠지요. 한번은 부모님이 밖에서 우연히 제가 친구들과 쉴 새 없이 떠드는 모습을 보고 놀랐다고 하시더라고요. 그런 네 모습은 처음 봤다면서요.

창의력을 만드는 방법

떨어진 줄 알았던 나다 중학교 입시

나다 중학교 입시에 출제된 산수 문제는 대부분 어려웠습니다. 발표 직전까지 불합격이라고 생각했을 정도로요.

중학교와 고등학교에서 배우는 수학은 열심히 노력하면 됩니다. 유형이 일정하니까요. 암기입니다. 정석을 숙지하고 이리저리 식을 주무르면 답이 나옵니다. 반면 나다의 산수 문제는 정석을 알아도 소용없어요. 족보를 구해다 공부해도 그 자리에서 직관력을 발휘하지 못하면 반도 못 풉니다.

도형 문제를 예로 들면 고등학교 문제는 식을 세우거나 좌표계를 도입하면 풀리거든요. 그런데 산수는 보조선을 한 줄 잘못 그으면 끝이에요. 그럼 보조선을 어디에 그어야 할지 어떻게 알까요? 이것은 직관이라고밖에 말할 도리가 없습니다. 유형이 없거든요. 이상하게 들릴 수도 있지만 실제로 그런 문제가 있습니다.

나다는 입시 점수를 공개합니다. 그래서 저는 제가 최저점으로 합격했다는 사실을 알았습니다. 순위는 몰라도 어쨌든 최저점. 하지만 저 말고도 최저점을 받은 학생이 적지 않았어요. 제가 아는 사람만 해도 둘이나 있습니다. 중학위원장을 맡아 중학교를 총괄했던 친구랑 지금 나다 고등학교 학생회장인 친구도 최저점이었대요.

동급생들이랑 이야기하다 보면 뜻밖에 시험 점수가 대박이 나서 합격한 학생도 상당수 있었습니다. 관건은 직관력입니다. 그 자리에서 직관하지 못하면 방법이 없어요. 저는 본 시험에서 산수 점수가 무척 잘 나왔는데 어째서인지 가장 자신 있던 과학이 예상보다 40점이나 낮았습니다. 학원에서 가채점을 해보고 떨어진 줄로만 알았어요. 제2지망 준비가 손에 잡히지 않았지요. 결국, 저는 제2지망에 떨어졌습니다. 그래도 나다 중학교 입시를 통과한 사람은 역시 여러모로 강하다고 생각합니다.

나다 중학교에 입학하고부터 화학이든 물리든, 이것은 저 친구에게는 도저히 못 이기겠다 싶어 바로 포기하는 일이 생겼습니다. 그러면서 오직 저만이 할 수 있는 일을 찾기 시작했지요. 포기가 계기로 작용한 셈입니다. 그러니 만약 제가 나다 중학교에 합격하지 못했더라면 아마 지금의 저는 없지 않았을까요.

애플 제품과 만나다

2008년 나다 중학교에 합격했을 때, 학교 음악 선생님께 아이팟 나노를 받았습니다. 그것이 애플 제품과의 첫 만남이었지요.

처음 만진 순간부터 느낌이 달랐습니다.

당시 저는 맥을 써본 적이 없었습니다. 줄곧 윈도우를 사용했고, 휴대전화는 당연히 피처폰으로 그것도 아무런 불편 없이 사용하고 있었습니다. 그런데 아이팟에 달린 클릭휠을 터치한 순간 그때까지 만져본 디지털 장치와는 다르다고 느꼈습니다. 무엇이 어떻게 다른지는 정확히 몰랐지만 어쨌든 다른 감각이었어요. 그런 묘한 감각 속에서 반년 정도를 보냈습니다.

그해 여름에 미국을 갔습니다. 뉴저지에서 살고 계시는 이모 댁을 방

　　　　　　　　　　　　　창의력을 만드는 방법

문했지요.

뉴욕에도 갔는데 그때 애플스토어에서 처음으로 아이폰을 다뤄봤어요. 감탄했습니다. 멋지다. 아이팟을 만지면서 느낀 다른 감각이 맞았구나, 이건 '진짜'다! 이때 받은 인상이 제가 앱에 빠져든 계기가 됐다고 생각합니다.

일본에 돌아오자마자 곧바로 피처폰에서 아이폰으로 갈아탔습니다. 그때가 아이폰이 막 일본에 상륙했을 무렵이니 스마트폰은 꽤 일찍부터 사용한 편입니다. 아이폰을 사용한 지도 벌써 4년 반이 넘었어요.

돌이켜보면 초창기 아이폰은 별로였어요. 보디가 두꺼운 데다 액정 반응도 무거웠죠. 그런 제품으로 잘도 2년을 버텼구나 싶습니다. 물론 당시에는 그것으로 만족했습니다.

점점 애플에 빠져들던 시기에 스티브 잡스라는 존재를 알았습니다. 인터넷에서 잡스의 프레젠테이션 영상도 보게 되었고요. '굉장한 사람이다, 이런 사람이 되고 싶다'는 마음도 약간 들었습니다. 막연한 동경심이어서 구체화되지는 않았지만요. 그때만 해도 아직 의사 지망이었던 터라 IT 세계에는 크게 주목하지 않았습니다.

의사를 지망했던 이유는 벌이가 좋기 때문입니다. 부모님이 세뇌했어요.(웃음) 지금이야 웬만큼 버는 의사가 예상보다 적다는 사실을 알지만, 예전에는 의사가 되면 누구나 부자가 되는 줄 알았거든요.

그렇다 보니 IT 업계에 들어가 잡스처럼 되겠다는 꿈은 꾸지 않았습니다. 그래도 그가 대단하다고 느꼈죠. 특히 잡스의 프레젠테이션이 훌륭했습니다. 어찌나 노련한지. 보고 있노라면 끌려들어 가는 기분이었습니다.

학원을 다니면서 교사도 수업 진행이나 말이 능숙한 사람과 서투른 사람이 있다는 점을 깨달았기에 더욱 잡스가 대단해 보였습니다.

애플이 좋아지니까 이번에는 맥이 탐났습니다. 부모님께 맥을 사달라고 말씀드렸더니 180명 중 50등 안에 들면 사주겠노라 하셨습니다. 흔한 전개이지요. 여하간 저는 죽기 살기로 공부해서 30등을 했습니다. 참 단순합니다. 나다 중학교 입학시험은 최저점이었는데 30등을 하다니 '나도 마음먹으면 의외로 되는구나' 하고 놀랐습니다.

아이폰 앱을 만들다

아이폰을 쓰기 시작하고 맥을 손에 넣은 다음 해에는 아이폰용 앱을 만들었습니다.

그전부터 프로그래밍에 관심이 생겨서 독학으로 공부하던 차에 앱 제작을 다룬 뉴스를 봤거든요. 그걸 보니 저도 만들어 보고 싶더라고

요. '나도 맥이 있으니 한번 만들어 볼까?' 하고 자연스럽게 손을 댔습니다. 해보고 싶으니까 한다는 기분으로 일단 애플 웹사이트에 접속했어요. 영어 사이트였지만 다행히 영어를 할 줄 알아서 무턱대고 시작했습니다.

방금 말한 뉴스를 보기 한 달쯤 전에 윈도우 프로그래밍을 해보려던 시기가 있었습니다. 윈도우는 벽이 높았어요. 개발 환경이 복잡한 데다 매뉴얼에 갑자기 전문용어가 튀어나와서 너무 어렵더군요. 저는 프로그래밍에 좌절했고, 분했습니다. 그래서 애플이 앱을 만들고 싶은 사람을 위한 개발 환경을 제공한다는 소식을 듣고 해보기로 결정한 겁니다. 애플의 사용자 인터페이스는 사용하기 쉽다는 신뢰도 있었고요. 이번에는 할 수 있겠다 싶어서 해봤더니 정말 되더라고요.

iOS 앱은 윈도우나 안드로이드에 비해 입문이 쉬워요. 간단했습니다. 영어가 가장 큰 문제일 정도였어요. 안드로이드의 개발 환경은 상대적으로 난해합니다. 중학교 1학년에게는 무리에요. 설치부터 막히거든요. 안드로이드는 통합 개발 환경인 '이클립스'를 받는 일부터가 까다롭습니다. 이클립스는 오픈 소스 소프트웨어인데 옵션 종류가 많아서 무엇을 어떻게 해야 좋을지 막막해요. 그 단계를 어찌어찌 넘었다면 구글 안드로이드 개발자 웹사이트에 접속해 안드로이드 전용 소프트웨어를 다운로드합니다. 그것으로 이클립스Eclipse를 기동하고, 이클립스 내에 도입해야 설치가 끝나지요. 이클립스를 설치한 다음에는 추가 패키지를 인터넷에서 다운로드하는데 거기서 또 명령줄command line이 필요합니다. 시작부터가 고난이지요.(웃음) 적어도 당시의 저에게는 못 오를 나무였습니다. 지금도 오를 자신은 없어요.

아이폰용 iOS 앱은 클릭 한 번이면 개발 환경이 전부 설치됩니다. 설치 버튼만 누르면 끝이에요. 요즘은 앱스토어가 있어서 더 간단하지요. 엑스코드Xcode를 받은 후 설치 버튼만 누르면 모든 환경이 마련됩니다. 나머지는 코드를 입력하는 일뿐이랍니다.

트위터의 도움으로 앱을 만들다

제가 iOS 앱 제작에 뛰어든 2008년에는 정보가 적어서 잡지와 책을 사서 공부했습니다. 그야말로 초창기였죠. 그보다 조금 전에는 맥 소프트웨어 제작법을 담은 책이 일본에 몇 권 있는 정도였거든요. 맥과 아이폰은 같은 애플 제품일지라도 사고방식이 달라서 도움이 안 되는 책도 많았어요.

전문서적 읽기가 결코 만만치 않았지만 구글이라는 선생님이 있었으므로 모르는 전문용어를 하나하나 검색하며 개념을 이해했습니다. 맨 처음에는 프로그래밍 개념을 무시하고 다짜고짜 덤벼들었는데 작업을 쭉 진행하려면 개념도 머릿속에 넣어야 합니다. 이런 면에서는 언어 사양만 해설하는 책이 한몫을 했네요. 그런 책을 읽어도 작품은 못 만들지만요.

영어 사이트밖에 없던 시절에는 '나는 앱이랑 안 맞나 봐'라고 생각한 적도 몇 번 있습니다. 그 무렵 트위터를 시작했어요. 처음에는 어떻게 이용하는지 몰라서 아무도 팔로우하지 않고 혼자 중얼거렸습니다. 나흘쯤 지나서야 겨우 '아하!' 하고 감을 잡았지요.

그길로 아이폰 앱을 만드는 사람 몇 명을 얼른 팔로우하고 냅다 멘션을 보냈습니다. '알려주세요!' 하는 분위기로요. 그러자 감사하게도 몇몇 친절한 분이 답변을 주셨고, 그중 한 분과는 지금도 교류하고 있습니다. 제가 멘션을 보냈던 사람들 중에는 인터넷상에서 명성이 자자한 분도 있었습니다. 자신의 블로그에 앱 제작법을 공개하는 모토마카*님에게는 저도 신세를 많이 졌습니다.

2009년 10월, 중학교 2학년 때 저는 첫 앱을 발표했습니다. 모토마카 님 같은 분들께 도움을 받아가면서요. 모토마카님의 옛날 블로그 게시판을 보면 제가 '중학생'이라는 이름으로 남긴 글이 여러 개 있답니다.(웃음) 테후라는 이름은 쓰지 않던 시절이라.

★ 모토마카 : 모토마카 일기(http://d.hatena.ne.jp/moto_maka/)라는 블로그의 운영자. 블로그에는 앱과 관련한 글이 많고, 그중에서도 '아이폰 앱을 만들어 보자'와 같은 내용이 좋은 평을 받고 있다.

30분 만에 완성한 앱 '네쓰분에호 계산기'

제가 처음으로 만든 앱은 '세쓰분에호 계산기'였습니다.

입춘 전날인 세쓰분節分 입에 썰지 않고 통으로 먹는 에호마키 김밥의 방향을 알려주는 앱이었지요.

지금 보면 쑥스러워요. 앱스토어 소개란에 "세쓰분에호 계산기는 일본 중학생이 만든 유틸리티 애플리케이션입니다."라고 쓰여 있답니다.

단순하기 그지없는 앱인데 다양한 의견을 보내주셔서 무척 기뻤어요.

이 앱을 만들기 전까지 고민이 많았습니다. 반년을 공부해서 앱 제작 기술은 익혔는데, 아이디어가 없어 앱을 못 만드는 상황이었거든요. 그러던 차에 NHK가 방영하는 〈오하요우 니혼〉에서 세쓰분맞이로 여념이 없는 장인을 취재한 리포트를 봤습니다. 그 뉴스를 보고 무릎을 쳤어요. '세쓰분이다!' 하고.

세쓰분 하면 에호마키고, 에호마키 하면 세쓰분이잖아요. 특히 간사이 지방에서는 에호마키를 통으로 들고 먹을 때 김밥 끄트머리를 '길한 방향'에 두고 먹잖아요. 그런데 이 방향이 매년 바뀌기 때문에 올봄에는 어느 쪽을 향해 먹어야 하나 늘 헷갈리지요.

'길한 방향'을 정하는 기준은 무엇일까. 궁금해서 인터넷에 검색하니 그냥 4년 단위로 빙글빙글 돌아가는 게 다여서 이걸 앱으로 만들면 좋겠다는 생각이 퍼뜩 떠올랐습니다. 매일매일 무슨 앱을 만들지 궁리하던 터라 '바로 이거다!' 싶었어요. 10월에 발표하는 바람에 계절은 완전히 빗나갔지만요. 저도 참, 어쩌자고 그 시기에 내놨을까요?(웃음)

창의력을 만드는 방법

세쓰분에호 계산기는 일본 중학생이 만들었다는 점이 그럭저럭 화제가 되었습니다. 모토마카님이 블로그에 글도 써주셔서 앱 세계에서는 그런대로 좋은 평가를 받았고요. 다만, 고작 30분 만에 완성한 앱을 가지고 평가를 받았다는 사실이 못내 마음에 걸렸습니다.

'테후의 실력은 그 정도'라고 인식될까봐 괴로웠어요. 두 번째로 내놓은 '건강 계산기'도 그렇고, '세쓰분에호 계산기'도 그렇고 둘 다 제가 반년간 익힌 기술의 극히 일부만 사용해 만든 앱이니까요. 이만한 소프트웨어라면 솔직히 공부를 시작한 첫 달에 만들었어도 되는 수준입니다. 그런 앱으로 주목을 받아 아쉬웠습니다. 2채널 같은 사이트에서도 '겨우 이 정도로 호평을 받다니, 어쩌자는 거냐!'라는 분위기로 도마에 올라 무척 괴로웠고요. 아무튼 아직까지도 저는 제가 공부한 기술을 전부 사용한 앱은 한 개도 발표하지 않았습니다. 의외로 단순한 앱이 인기 있다는 사실을 이미 깨달았기 때문에 일부러 그런 앱을 내놓은 것도 있고요.

싱가포르 소년이 만든 앱

'세쓰분에호 계산기'는 2,000건의 다운로드를 기록했습니다. 예상을 넘어서는 반응이었어요. 역시 중학생이 만들었다는 점이 시선을 끈 덕이겠지요.

제가 이 앱을 발표하기 조금 전에 림딩웬이라는 아홉 살배기 싱가포르 소년이 아이폰 앱을 만들어 화제에 올랐습니다. '두들 키즈'라고, 화면에 대고 손가락을 움직이면 조그만 도형들이 조르르 손가락을 따라오며 그림이 그려지는 앱이었지요. 소년의 아버지가 그 지방 IT 업계의 최고기술책임자CTO라고 하니 아무래도 부모님 영향을 받아 앱을 만들기 시작했을 듯합니다. 이 싱가포르 소년은 2세 때부터 컴퓨터를 다뤘으며, 6가지 프로그래밍 언어를 구사하고, 지금까지 약 20여 개의 프로그램 개발 프로젝트에 참여했대요. 저보다 대단한 친구죠. 그렇기는 해도 '두들 키즈'의 다운로드 건수는 2주에 약 4,000여 건이었어요. 제가 두 번째로 만든 '건강 계산기'는 2주에 20만 건이었으니까 이 정도면 이긴 셈이지요.(웃음)

싱가포르 소년이 만든 앱은 다소 공이 들어간 작품이었는데 다운로드 건수가 그리 높지 않았어요. 오히려 '세쓰분에호 계산기' 같은 단순한 앱이 뜻밖에 2,000 다운로드를 기록해서 놀랐습니다. 이를 계기로 제 관점이 크게 바뀌었죠.

회선 저편에 무한히 많은 사람이 있다는 사실을 실감한 것도 이즈음이었습니다. 당시 제 트위터의 팔로워가 100명가량이었거든요. '2,000'이라는 숫자와 마주하는 것이 신기했어요. 만약 2,000명이 한 곳에 모인다면 공간이 얼마나 필요할지 상상했을 정도로요. 지금도 유스트림 생방송을 5만 명이 보러 오면 '도쿄 돔이면 될까?' 하고 상상한답니다.

어린이 프로그래머는 싱가포르뿐 아니라 미국에도 있을 텐데, 일본에서는 별로 화제가 되지 않았습니다. 미국에는 예전부터 초등학생이나 중학생일 때 프로그래밍을 하는 사람들이 있어서 그렇겠지요. 그러고 보면 저는 일본에 있길 잘했어요. 일본은 IT 부문에서 미국보다 뒤처졌지만 관심은 있으니까요.

창의력을 만드는 방법

제 주변에도 또래 중에 앱을 만들려는 사람은 없었어요. 나다 중학교
에서도 컴퓨터는 제가 가장 빠삭했습니다.

180만 다운로드 건수를 기록한 '건강 계산기'

'세쓰분에호 계산기' 다음으로 제작한 아이폰 앱이 '건강 계산기'입니
다. 곧장 만들어 발표했지요.

'건강 계산기'는 제가 필요해서 만든 앱입니다. 그해
10월에 건강진단을 받았는데 간 수치가 높으니 살을
빼라는 소리를 들었거든요. 큰 병은 아니지만 건강을
챙기는 편이 좋다고. 그래서 적당히 운동을 하고 식단
도 조절했습니다. 당시에는 지금보다 훨씬 뚱뚱했던지라 상태가 심각
했어요.

그래서 BMI를 계산해 주는 '건강 계산기'를 만들었습니다. 3시간 정
도 들여 프로그램을 완성하고, '세쓰분에호 계산기' 때와 비슷한 감각
으로 발표했는데 이 앱이 무료無料 랭킹 3위까지 올라갔습니다. 히트를
친 이유는 여전히 아리송해요. 분석은 해봤지만 확신이 서지 않습니다.
이와 관련한 질문을 많이 받다 보니 디자인이나 프레젠테이션 방식을
들먹이며 그럴싸하게 대답하기는 해도 그것이 정말 핵심인지는 잘 모
르겠어요.

왜 앱을 만들었느냐는 질문도 자주 받습니다. 이 질문 역시 대답하기
가 어려워요. 저마다 재능을 꽃피우고 있는 나다 고등학교 동기들처럼

저도 내심 무언가 하고 싶다는 마음이 있었던 것 같습니다.

중학교 1학년 때였어요. 짝꿍이 어느 날 갑자기 대학교 물리 문제집을 펼치더니 선형대수학인지 뭔지를 풀더라고요. 경악했습니다. 그 친구는 물리 올림픽에서 금메달을 땄답니다.

그런 친구가 옆자리에 앉아 있으면 영향을 받을 수밖에 없어요. 게다가 제 앞자리에 앉았던 녀석은 초등학교 때 위험물 취급 관련 자격을 전부 땄더라고요.(웃음) 그걸 대체 어디다 쓸 셈인가 싶었지만 아무튼 다 가지고 있어서 "이걸로 뭐든 할 수 있어! 폭발이다, 폭발이야!"라고 떠들고 다녔죠. 위험한 녀석이구나 싶었습니다. 그래도 그 애는 뭐라도 했잖아요. 저는 아니었습니다.

피아노도 배우다 금방 그만뒀고, 중국어는 할 줄 알아도 그냥 그랬어요. 지금이야 부러워들 하지만 그때는 중국어에 별 메리트가 없던 시절인지라.

'건강 계산기'는 다운로드 180만 건수를 기록했습니다.

저는 판매 전략이 효과적이었다고 생각해요. 앱을 발표할 당시, 제가 어느 학교 학생인지는 밝히지 않았어도 중학생이라는 점은 강조했거든요. 제작자가 중학생이라는 데서 오는 가치를 처음부터 의식하고 홍보했습니다. 지금도 고등학생이라는 점을 밀고 있지요.(웃음) 그래서 무섭기도 해요. 이런 가치는 대학교에 들어가면 끝날 테니까요.

하기야 돌아보면 중학교를 졸업하고 고등학교에 올라갈 때도 무서웠는데, 겁먹은 것치고는 제 활동도 발전했으니 이대로 나아가면 어떻게든 되겠지 싶기도 하네요.

BMI를 계산하는 앱은 '건강 계산기' 말고도 여럿 있습니다. 경쟁을 고려하지 않고 어디까지나 자기만족으로 앱을 만들었기 때문에 아무런 조사도 하지 않았지만요.

제가 앱을 발표하고 미디어에 오르내린 이후, 자기 블로그에 'BMI 계산기를 만들자'라는 튜토리얼*을 올린 사람이 있었습니다. 디자인도 '건강 계산기'와 유사해서 나중에 그것을 본 누군가에게 오해를 산 적이 있어요. 인터넷에 제가 그 튜토리얼을 베꼈다는 식으로 글이 올라왔거든요. 저도 반론을 올렸습니다. 앱이 나온 일자와 그 튜토리얼이 게시된 일자를 비교해 보라고 했지요.(웃음) 날짜를 확인하지 않고 계속 우기는 사람들은 어쩔 수 없어요.

이 일 말고는 다행히 별다른 말썽은 없었습니다.

지금 트위터를 이용하는 수많은 중고등학생과 비교해도 월등히 많은 사람들에게 응답을 받았으니까요. 아마 동세대 중고등학생 가운데는 제가 1등일 거예요. 저 다음은 고등학생 경제학자인 니시다 마사히로 군일 거고요. 몇 살 위로는 트위터에서 유명해진 우메사키 겐리우메켄가 있지요. 17세에 '디그나'라는 회사를 세워서 고등학생 사장이 된 것이 화제를 모았죠. 그 디그나도 벌써 창업 2주년이더라고요. 저도 우메켄처럼 인터넷에 도움을 받은 한 사람으로서 우메켄을 응원하고 있답니다.

★ 튜토리얼(tutorial) : 개인지도, 지도서라는 의미의 영어 단어. 주로 제작 기법을 소개하는 글이나 영상을 뜻한다. (역자 주)

앱 제작에서 유통까지

앱은 제작이 끝이 아닙니다. 애플을 통해 유통까지 마쳐야 하는데 그 과정을 모르는 분도 계실 듯하여 여기에서 간단히 소개하려고 합니다.

어려운 일은 없습니다. 애플 웹사이트에 접속하여 앱에 관한 설명과 여러 개발상의 정보 같은 필수사항을 입력하고, 앱의 데이터와 스크린 샷과 아이콘 데이터 등을 첨부하여 보내기 버튼을 누르면 됩니다. 보낸 다음에는 애플이 정보를 받아 심사하고, 심사를 통과하면 앱이 등록됩니다.

미국 애플에는 일본용 앱 담당자가 있습니다. 일본어가 가능한 담당자입니다. 그 사람이 심사해서 대체로 일주일 안에 통과인지 아닌지 이메일로 답변을 줍니다. 제가 '세쓰분에호 계산기'와 '건강 계산기'를 보냈을 때도 대략 일주일이 걸렸습니다.

심사에 통과하면 아이튠즈 스토어에 앱이 게시됩니다. 메인 화면에는 노출되지 않아도 검색하면 나온답니다. 그 '검색하면 나오는' 단계에서 아이튠즈 스토어를 '열면 나오는' 단계로 가는 일이 가장 어려워요. 일단 가고 나면 자동적으로 다운로드 건수가 올라가는데, 거기까지 가기가 힘들지요.

저는 앱뱅크*를 활용했습니다. 트위터로 앱뱅크 계정에 "이런 앱을 만들었습니다."라고 멘션**을 보냈더니 바로 반응이 왔습니다. 앱뱅크

★ 앱뱅크(AppBank) : iOS용 앱의 리뷰 기사를 발신하는 리뷰 사이트. '믿음직한 아이폰! 앱뱅크'(http://www.appbank.net/)

★★ 멘션(mention) : 특정 이용자를 지목해 말을 걸었다는 것을 의미한다. 예를 들어 트위터 아이디를 입력하고 트윗을 할 경우, 모든 팔로워가 아닌 해당 이용자에게만 메시지를 전했다는 뜻이다. (역자 주)

창의력을 만드는 방법

도 이야깃거리가 필요한 입장인데, 중학생이 만들었다고 하면 아무래도 이목이 쏠리니까요. 앱뱅크는 즉시 기사를 써주었습니다. 그 기사에 실린 링크를 타고 아이튠즈 스토어로 넘어온 사람들이 앱을 다운로드했고, 덕분에 다운로드 순위가 올라갔어요. 앱의 수 자체가 적던 무렵이라서 50위까지는 쉽게 진입할 수 있었습니다. 그때는 앱 개수가 지금의 10분의 1 정도였거든요.

순위권에 들어가면 다운로드한 사람들이 블로그나 트위터에 사용 후기를 남겨주기 때문에 자연스레 화젯거리가 됩니다. '건강 계산기'가 공개하고 일주일쯤 지나 별안간 무료 앱 3위까지 올라간 것도 그 효과가 컸다고 봅니다.

아무리 그래도 3위라니! 얼마나 놀랐는지 몰라요. 구글 공식 앱을 뛰어넘고, 교통 정보를 제공하는 에키탄의 공식 앱도 뛰어넘고, 사카이카메라 앱까지 뛰어넘었으니까요. 이야, 하늘을 나는 기분이었습니다.

1위와 2위는 게임이었어요. 무척 정교한 게임이어서 3시간 만에 만든 제 앱이 3위를 해도 되나 싶을 정도였습니다. 일주일 동안 3위를 유지했는데 애플에서 보내온 다운로드 건수 보고서를 확인하니 세상에, 단위가 만 단위더군요! 그것도 전 세계에서 내려받고 있었습니다. 보고서에 국가별 다운로드 건수도 나오거든요. 물론 일본이 가장 많았지만 미국에서도 5,000여 명이 받았고, 중국이며 아프리카의 어느 국가에서도 받았더라고요.

애플에는 자동으로 언어를 구분해 주는 기능이 있습니다. 앱의 패키지가 하나일지라도 일본어판 아이폰에서 열면 일본어, 중국어판에서 열면 중국어, 그 밖의 다른 언어권에서 열면 영어로 나오게 되지요.

번역은 제가 스스로 했습니다.

'건강 계산기'는 앱을 추천하는 신문 연재 기사에 실린 적도 있답니다. 그건 좀 자랑스러웠어요. 또 애플 공식 홈페이지에 '수많은 앱을 다운로드할 수 있습니다.'라는 타이틀 단 이미지가 떴을 때, 그 이미지에 들어간 수많은 아이콘들 틈에 실리기도 했습니다. 정말이지 짜릿했어요.(웃음)

광고 수입은 유니세프에 기부

앱은 CD처럼 물건을 파는 형태가 아니어서 팔린다는 실감이 나지는 않습니다. 무료 앱이어서 수입도 없었고요.

그러던 차에 모바일용 광고 배포 업체인 애드몹이 앱 개발자들에게 '앱으로 광고 수입을 얻을 수 있다'는 메일을 일제히 보내왔습니다. 지금은 구글에 매수된 그 애드몹에서요.

메일을 받고서 이런 방식도 있구나 싶었어요. 그런데 스스로 중학생입네 내세워 놓고 앱에 광고를 넣자니 좀 찜찜하더라고요. 그래서 '아니지, 나는 광고 수입을 전부 유니세프에 기부하겠다!'라고 마음먹고 광고를 넣어 봤습니다. 어쩐지 변명 같았지만 아무려면 어떤가 하는 마음으로 기부를 시작했습니다.

그렇게 시작한 기부가 도중부터 완전히 광고의 목적이 되었고요. 처음에는 큼지막하게 "기부합니다!"라는 말을 내걸고 광고를 넣었는데, 그러면 기부할 목적으로 광고를 클릭해서 광고성이 떨어지는 문제가

　　　　　　　　　　　　　　창의력을 만드는 방법

발생하므로 "클릭된 만큼 기부합니다."라고 목소리를 줄였습니다. 기부처는 유니세프에 한정하지 않고요, 2011년 동일본대지진 이후에는 일본 적십자에도 기부했습니다.

구글의 애드센스처럼 애드몹도 앱을 등록하면 자동으로 수익이 할당됩니다. 특정 앱과 따로 계약하지 않고, 사이트에 등록한 사용자에게 광고를 배분하여 클릭된 수만큼 돈이 들어오는 시스템이지요.

광고 수입이 좋을 때는 월 20만 엔(약 200만 원)가량 들어옵니다. 신경 쓰지 않고 내버려둬도 알아서 임금되는 것이 그저 놀랍습니다. 만약 광고를 앱 자체에 넣었다면 수익이 5배가 되었겠지요. 광고를 넣고나서 깨달은 점은 앱을 꾸준히 사용하는 사람이 많다는 것입니다. 시간이 지나도 리퀘스트 수는 한결같아요. 매일 사용하는 분이 많다는 사실을 알아서 기뻤습니다.

끝으로 덧붙이자면 저는 수익을 모두 기부하기 때문에 세금 문제로 문제가 생길 일이 없는데요. 저와 달리 앱 비즈니스를 하는 경우에는 수입이 미국에서 직접 은행으로 입금되니까 세금 납부를 깜빡하는 사람이 제법 있더라고요. 주의해야 합니다.

테후 브랜드의 품질 관리

지금까지 만든 앱은 네다섯 개입니다. 공개하지 않고 다양한 신기술을 시험하는 데 그친 실험용 앱도 있고요. 호들갑인지도 모르겠지만 저는 '테후'라는 브랜드를 소중히 가꾸고 싶습니다. '테후'는 '건강 계산기'의 제작자이자 애플 신제품 발표회를 실시간으로 통역하는 사람입니다. 그러니 섣불리 시시한 앱을 발표해서는 안 된다는 압박도 스스로 느낍니다.

미공개 앱의 제목만 밝히자면 '파리채'라든가 '행맨 테후'라는 작품이 있습니다. 어떤 앱인지는 상상에 맡길게요. 아이폰 앱뿐 아니라 맥용 소프트웨어도 있고 종류는 많습니다.

'세쓰분에호 계산기'는 30분, '건강 계산기'는 3시간 만에 제작했듯이 사실 마음만 먹으면 얼마든지 앱을 만들 수는 있습니다. 그러나 저는 그럴 마음이 없어요. 다작을 꺼리는 성향은 음악의 영향인지도 모릅니다. 유명한 아티스트인데도 1년에 싱글앨범 4장이면 많이 낸 축이고, 심지어 앨범 한 장을 낼까 말까 하잖아요.

인터뷰에서 "곡은 잔뜩 써도 다 발표하지는 않는다, 골라서 이것만 낸다."라고 이야기하는 아티스트도 있고요. 그렇게 작업을 하니까 사망한 뒤에 미발표 음원이 우수수 쏟아지는 거겠지요. 저는 그게 당연하다고 여기는 사람이라서 자신 있는 앱이라도 공개하지 않는 경우가 있

창의력을 만드는 방법

습니다. 'i시력'이라고 아이폰으로 시력 검사를 할 수 있는 앱을 만든 적이 있는데, 지금은 아이콘만 남고 앱의 데이터는 어디론가 사라졌어요. 괜찮은 앱이었지만 제가 추구하는 수준에 못 미쳤기 때문에 공개하지 않았습니다.

발표하기 전에 단점 30개 찾기

공개 속도가 중요한 앱도 있습니다. 이건 당장 발표해야 한다고 생각해서 얼른 공개한 앱이 '방사능 계산기'였습니다. 2011년 3월 11일 발생한 동일본대지진으로 후쿠시마 제1원자력 발전소 사고가 일어나 방사능에 대한 불안이 높아졌을 때, 저는 이 앱을 지체 없이 공개했습니다.

프로그램과 디자인은 사흘 만에 완성했습니다. 서둘러 공개해야 된

다고 생각했거든요. 그럼에도 불구하고 저는 앱 공개를 나흘간 보류했습니다. 이 앱은 분명 많은 사람이 사용할 것이므로 최고의 앱을 목표로 완성하자고 결심했기 때문입니다. 그래서 저는 스스로 한 가지 과제를 냈습니다.

제가 작업할 때 자주 하는 과제인데 이미 완성한 앱에서 단점 30개를 찾아내는 겁니다. 찾고 또 찾아서 30개를 채우기 전에는 발표하지 않아요. 스스로 한 번 완벽하다고 인정한 작품일지라도 제작자가 아닌 비평가의 시선에서 몇 번이고 사용하며 틀리거나 모자란 점을 30개 잡아냅니다. 그리고 그렇게 잡아낸 단점을 수정하면 하자 없는 물건이 될 테니까요. 이 작업을 한 앱과 하지 않은 앱은 완성도가 다릅니다. 발표한 이후 돌아오는 반응에서도 차이가 납니다.

이 과제를 건너뛰고 공개한 앱도 과거에는 있었습니다. 이제는 절대로 공개하지 않지만요. 그때는 아이디어가 번뜩 떠올라서 단숨에 제작해 그 길로 공개해 버렸는데 제가 왜 그랬는지 모르겠습니다. 아마 털어보면 흠이 잔뜩 떨어질 거예요.

그렇다고 다른 사람에게 테스트를 부탁해서 단점을 지적받으면 자존심에 상처를 입습니다.(웃음) 미우나 고우나 내가 만든 작품이라는 애정이 있어서 그런가 봐요.

단점 30개를 찾아 해결한 다음 공개하는 방식을 고수하는 이유는 인터넷에서 비판되는 경우가 있기 때문입니다. 남에게 비판을 들을 바에야 스스로 비판하는 편이 기분 좋고, 결과적으로 완성도도 올라가니까요. 무엇보다 제 자존심을 지키기 위해, 나중에 안 좋은 소리를 듣지 않도록 주의하는 것이랍니다.

창의력을 만드는 방법

단점을 찾을 때는 화면을 확대해서 1픽셀 단위로 점검하고, 깨진 부분이 보이면 '이래서야 쓰나!' 하고 수정합니다. 이런 식으로 30개를 찾아요. 그러다 보면 다른 사람이 만든 앱을 볼 때도 1픽셀 단위에서 실수를 발견할 수 있지요.

제 앱은 저 혼자 만들고, 저 혼자 점검합니다. 딱히 전 과정을 혼자 하고 싶어서가 아니라 그저 저랑 맞는 사람이 없어서요. 때때로 동료를 모집해서 저는 제작에만 매달리고 싶다는 생각도 한답니다.

하고 싶은 일 전반을 함께하고 싶은 사람은 없지만, 작업 분야를 나누면 '여기서는 나랑 같은 감각을 지닌 사람이 있구나' 싶거든요. 분야마다 이것은 이 사람, 저것은 저 사람과 하고 싶다고 생각합니다. 이쪽 분야에 관해서는 마음이 통한다고 느끼는 사람들 중에는 어른도 있습니다.

저도 이제 곧 성인이니까요. 고등학교 졸업 후에는 어른들과 함께하는 작업을 해보려고 합니다. 전부터 컨설팅 회사로부터 "이러한 회사가 저희 고객인데, 이러저러한 발상이 가능한 사람을 모집하오니 함께 해 주시지 않겠습니까?"라는 의뢰를 받고 상담했던 일이 몇 번인가 있습니다.

트위터를 타고 다음 단계로

제 존재가 인터넷에서 주목을 받자 저를 비판하는 시선도 생겨났습니다. 〈주간 아스키〉에 취재 기사가 실렸을 때는 비난이 쏟아져 나와 인터넷을 달궜고요.

더구나 비난의 대상은 제 작품이 아니라 얼굴 사진이었어요. 이때 처음 얼굴을 공개했거든요. 뚱보니 돼지니 욕을 하도 먹어서, 웃기는 소리라고 웃어 넘기면서도 꽤 충격을 받았습니다.

애플스토어에 방문했다가 지니어스 바 직원이 느닷없이 "테후 씨 아닌가요?"라며 말을 걸어오는 바람에 인파에 둘러싸인 적도 있어요. 어색하게 웃으면서 "아, 네, 맞습니다." 대답하고 도망쳤습니다. 무서웠어요.

인터넷상에만 있던 세계가 현실로 나오다니! 식겁했습니다. 애플스토어에는 애플의 팬이 바글바글하니까 일반 손님 중에서도 저를 알아보고 '그 테후'라거나 '어제 2채널에 올라온 테후'라는 식으로 수군거리더라고요.

그 무렵부터 트위터 팔로워가 점차 늘어나 800명으로 급증했습니다. 요새는 웬만한 중고등학생들도 팔로워가 1,500명은 된다지만 당시에는 800명도 엄청난 숫자였습니다.

만약 제가 '건강 계산기'에서 그쳤다면 어땠을까요? "성공 스토리 끝!" 하고 끝나는 이야기처럼 저의 앱 스토리도 10대 시절 좋은 추억으로 마무리되지 않았을까요? 그런데 중간에 트위터가 끼어들면서 이야기의 방향이 바뀌었죠. 제 인생은 처음에는 아이폰에, 다음에는 트위터에 휘둘렸습니다.(웃음)

그즈음 애플이 아이패드를 발표했는데 일본에 들어오려면 시간이 걸렸어요. 미국에서 3월에 발매된다니 일본에는 아마 5월쯤 나오겠다 싶었지요. 까마득하더라고요. 너무 갖고 싶어서 트위터에다 "누가 미국에서 가져다주면 좋겠다."라고 썼더니 《닛케이 컴퓨터》의 편집자라

창의력을 만드는 방법

는 사람이 역시 트위터로 "그러면 호카얀에게 부탁해 보세요."라고 했습니다.

저는 '호카얀'이 누구인지도 모르고 가볍게 멘션을 보냈습니다. "호카얀, 안녕하세요. 아이폰 앱을 만드는 테후라고 합니다. 혹시 미국에서 아이패드를 사다 주실 수 있나요?" 알고 보니 '호카얀'은 에버노트의 호카무라 히토시 씨였어요. 나중에 호카무라 씨에게 직접 들은 바로는 처음에 제 멘션을 보고 사기인 줄 아셨대요.(웃음) 그럴 만도 하지요. 제가 봐도 수상쩍은걸요.

아무래도 이상해서 호카무라 씨가 제 트위터를 아는 사람에게 보여 줬더니 "어라, 이 녀석 저번에 《주간 아스키》에 나왔던 학생이야." 하고 알려주더래요. 그래서 아셨다고.

놀랍게도 호카무라 씨는 제 부탁을 들어주셨어요. 정말로 미국에서 아이패드를 가지고 돌아오셨습니다. 이런 점이 호카무라 히토시라는 사람의 대단한 점이지요.

2010년 4월에는 머리털 나고 처음으로 텔레비전에 출연했습니다. 니혼TV의 〈줌인!! 슈퍼〉에 나갔거든요. 그 방송에서 '아이폰 앱을 만드는 슈퍼 중학생'이라고 소개되었습니다.

CHAPTER

| 대담 |

진정한 능력은
어떻게 길러지나?
미국과 일본의
엘리트 교육 차이

전자 교과서 도입과 교육 변화

테후　이번에는 교육에 대해 이야기하고 싶습니다. 교육이라고 해도 범위가 넓으니 우선 IT와 교육의 관계부터 짚어 보면 어떨까요?

무라카미　좋습니다. IT가 교육을 바꿨다고 하면 무엇이 먼저 떠오르나요? 나는 단연 인터넷 확산에 따른 '거리 소멸'을 들겠습니다.

내가 테후 군만 했을 때는 오이타 현립 사이키카쿠조 고등학교에 자전거를 타고 다녔습니다. 그 시절의 내 세계란 비좁은 우물 같았죠. 공간적으로나 지식적으로나 협소했습니다.

운이 좋게도 당시 우리 수학 선생님이 훌륭한 분이었던지라 내게 여러 의미로 새로운 세계를 보여주셨지만, 그래도 지금 테후 군이 보는 세계와는 비교가 안 되지요. 테후 군이 또래들보다 다소 앞서 나가고 있다는 점을 감안해도 그렇습니다. 테후 군 주변에 있는 아이들 역시 테후 군처럼 수시로 인터넷을 검색하거나 유튜브 영상을 보며 지식을 얻으니까요. 이 차이는 큽니다. 세대가 내려갈수록 더욱 극명해져 일본의 문화까지 달라질 가능성이 있어요.

나는 인터넷이 교육을 바람직한 방향으로 끌고 가리라 생각합니다. 비관은 하지 않아요.

바야흐로 아이패드 최연소 사용자가 생후 6개월인 시대입니다. 돌잔치도 안 한 영아가 아이패드를 만지고, 세 살이면 이미 자유자재로 구사합니다. 이른바 디지털 네이티브지요. 그런 아이들이 3년 후에는 초등학교에 들어갑니다. 아이패드를 배부하여 전자 교과서를 보게 하자는 이야기가 조만간 나올 테고, 그러면 많은 변화가 일어나겠지요. 나는 전자 교과서에 대찬성합니다. 당연히 추진해야 한다고 봐요.

테후 전자 교과서를 도입하여 개선하려는 바가 학습 능력인가, 아니면 성적에는 나타나지 않는 능력인가 하는 논의가 있습니다.

무라카미 테후 군 말대로 진정한 능력이란 어디서 어떻게 길러지는가에 관한 논의는 분명 있습니다. 전자 교과서만으로는 해결하지 못하는 교육 문제가 많아요.

테후 전자 교과서든 뭐든 학교 교육만 바뀐다고 될까요? 가정환경의 영향도 클 테고, 저마다 자신에게 맞는 교육을 받을 수 있는지도 불확실한데, 교육으로 전체의 수준을 끌어올려서 그 세대가 성장할 때까지 진득이 기다린다고 해도 과연 결과가 나올는지…….

무라카미 전체의 향상이 가능한가에 대해서는 고민해도 방법이 없다고 봅니다. 평등하게 기회를 제공할 필요는 있지만 당사자 개인의 의지 문제도 있으니. 어떻게 설명해야 하나. 표현이 어렵기는 한데, 그건 그 사람들의 인생이기 때문입니다.

내 이야기라서 뭐하지마는 나 같은 가난한 집 촌놈이 중학교 때 우연히 교토에 가보곤 '여기서 공부하면 얼마나 좋을까!' 꿈꾸며 착실히 공부를 해서, 마침내 교토를 경유하여 보스턴 변두리까지 진출하지 않았습니까. 이런 인생을 일굴 수 있었던 이유는, '향상심'이라고 하면 멋지겠으나 요컨대 '출세하겠다!'는 의지에 있습니다. 일종의 도요토미 히데요시 정신이랄까요. 그것을 지금 모든 아이들에게 갖추라고 하기는 무리입니다. "가난이 어때서, 생활보조금을 준다면 받는 편이 낫지."라고 말하는 사람들의 인생을 부정하기도 어렵고 말이지요.

여하간 나도 이제 예순다섯 살 먹은 할아버지가 되고 나니 뭐든 다 깨달은 것처럼 말하게 되는군요. 테후 군 같은 젊은이가 "전체적인 향상은 불가능할지도 모르겠어요."라고 말해 버리면 아무래도 동조하게 되기도 하고.

우리 세대가 테후 군 나이였을 때는 사회 불평등에 대해 "애초에 사유 재산제가 문제다."라는 식으로 생각했답니다. 명백한 착각이었지요.(웃음) 소련의 붕괴로 사유 재산제가 사라지고 공산주의 체제가 들어서니 또 다른 억압 구조가 태어나더라는 사실이 역사적으로 증명되었잖습니까. 그러니 그런 것까지는 바라지 않지만, 이 지구를 조금이라도 더 좋은 장소로 만들어 가는 일은 고민했으면 합니다.

학습 능력 향상인가, 리더십인가

테후 전체의 수준을 향상할 수 있다면 당연히 좋겠지만, 저는 그보다는 똑똑한 사람이 회사에서 역량을 발휘하며 사회의 톱니바퀴 역할을 하는 편이 중요하다고 생각합니다. 똑똑한 사람이 똑똑한 리더가 되어 판단력을 발휘해 주길 바라요. 그런데 리더는 의외로 도쿄 대학교에서 잘 나오지 않고, 오히려 다른 대학교에서 학력에 관계없이 나오더라고요.

리더에도 두 부류가 있습니다. 스스로 노력해서 리더가 된 사람과 정신을 차리고 보니 리더가 되어 있는 사람. 전자는 리더가 될 때까지 스스로 준비합니다. 리더십이라든가 중요한 결단을 내리는 능력에 대해 고민하고 공부하지요.

이에 비해 후자는 미리 준비하기가 어렵습니다. 리더의 자질은 있으되 이를 자각하고 있지 않으므로 '정신 차려 보니 리더'라는 상황을 맞이하는 것이죠. 따라서 이런 사람이 리더가 되었을 때 실력을 발휘할수 있도록 토대를 마련해 주는 역할을 교육이 해야 합니다.

교육 기회를 넓고 고르게 제공해야만 하는 까닭은 후자와 같은 사람이 있기 때문입니다. 소위 엘리트 교육은 전자에 속하는 리더는 양성해낼지 몰라도 후자에 속하는 리더와는 거리가 멉니다. 상위 10퍼센트만이 극진한 교육을 받는 제도는 바람직하지 않습니다. 리더가 될 가능성은 누구에게나 있으니 평등하게 교육 기회를 제공해야지요. 마땅히 그래야 합니다.

그렇다고는 하나 같은 값이면 다홍치마라고 지식 수준이 높으면서 리더십도 있는 편이 더 좋지 않겠어요. 도쿄 대학교나 교토 대학교는 이왕에 수재들이 모인 곳이니 여타 대학교와 동일한 방식으로 교육하기보다는 리더 양성에 더욱 힘을 쏟아주길 바랍니다. 모쪼록 사람들을 이끄는 지도자를 양성해 주길 바래요.

대학마다 학생들 수준이 다른데도 왜 학부 커리큘럼은 모두 똑같은지도 의문이에요. 무언가 잘못되었다는 느낌이 듭니다. 사회의 톱니바퀴만 양성하고 리더십 있는 지도자를 길러내지 못했기 때문에 일본이 지금 이렇게 되지 않았나 싶습니다.

무라카미 리더십을 지닌 사람이 드물게 배출되는 이유는 당연히 교육과 관계가 있지요. 더불어 공부를 잘하는 아이들이 도쿄 대학교 이과 3류의학부로 몰리는 현상도 문제라고 봅니다.

테후　그건 교육 시스템의 문제이기 전에 부모의 교육관 문제이지 않을까요. 저희 부모님이 제게 의사가 되라고 말씀하셨듯이 많은 학생이 어린 시절부터 세뇌교육을 받잖아요. 게다가 보은까지는 아니더라도 부모의 기대에 부응하고 싶다는 욕구에서 좀처럼 벗어나기 힘듭니다. 물론 효도 자체는 좋은 일이지만요.

저희 아버지와 어머니는 두 분 다 중국인이시고, 무일푼으로 일본에 건너와 접시닦이부터 시작해 현재의 생활을 이루신 부부이자 가족입니다. 그렇다 보니 제가 의학부에 들어가 안정된 삶을 살기를 바라는 마음에서 그런 말씀을 하시고, 또 살아오셨을 겁니다. 저도 이해는 가요.

무라카미　그랬구먼. 그걸 예순다섯 살 먹은 할아버지가 도쿄 대학교 의학부 따위 그만두고 MIT에 가라고 말했으니, 이거 나중에 부모님께 혼쭐이 나겠는걸.(웃음)

테후　아니에요, 괜찮습니다. 별말씀을요.

무라카미　그러고 보니 테후 군, 요전번에 트위터에다 도쿄 대학교에는 안 가겠다고 쓰지 않았나? 내가 그걸 보고 옳거니 했는데.

테후　도쿄 대학교에 가야 할 의미를 완전히 잃었거든요. 미국에 갈까 궁리하고 있기도 하고요.

안정을 지향하는 일본의 엘리트

무라카미　테후 군은 중학교 입시 학원을 어디로 다녔나요?

테후　니치노켄*과 하마가쿠엔**을 함께 다녔습니다.

무라카미　역시. 만약 도쿄였다면 사픽스***나 니치노켄을 다녔겠지. 입시 학원이 필수인 세상이니까. 테후 군이 다니는 나다 고등학교에는 도쿄 대학교 이과3류를 목표로 하는 아이가 많지요?

테후　많습니다. 매년 20명 전후로 진학해요.

무라카미　일본에서 이과 계열로 머리가 좋은 아이들, 특히 상위권 아이들의 목표가 무엇인지 나는 도통 모르겠습니다. 나중에 테후 군이 친구들 얘기를 좀 들려주면 좋겠는데, 하여간 내 보기엔 일종의 게임 같아요. 하마가쿠엔에서 수험 공부를 하고, 나다 중학교를 거쳐 나다 고등학교에 들어가고, 도쿄 대학교 이과3류 입학을 목표로 삼는. 그것도 편차치가 높은 과만 노리다 보니 이과계라면 단연 이과3류를 선택하고요. 결국은 안정 지향이지요.

테후　저희 나다 고등학교에서는 매년 이과3류에 최소 20명, 이과1류

★ 니치노켄(日能所) : 중학교 입시 준비로 유명한 학원. 전철 광고에 과거 수험 문제를 싣는 것으로 유명하며 전국에 지점이 있다.
★★ 하마가쿠엔(浜学園) : '나다 중학교' 합격 실적과 노하우를 강조하는 입시 학원. 간사이를 주요 거점으로 한다.
★★★ 사픽스(SAPIX) : 요요기(代々木) 세미나 그룹의 학원. 수도권을 중심으로 수험 교육에 특화한 초등학부와 중학부를 운영한다.

에 최대 40명이 갑니다. 이과3류와 이과1류의 정원 비율이 1대 10 정도
인데 저희는 1대 2인 것부터가 이상하기는 해요.

더구나 이과3류에 들어간 다음에는 모두 임상의가 되지요. 노벨상을
수상한 야마나카 신야 씨처럼 연구 방면으로 가는 사람은 무척 드뭅니
다. "그저 별 탈 없이 안정된 삶을 살면 그만이지." 하는 식이랄까요.
그야말로 안정지향주의입니다.

아무튼 나다에 합격했다는 건 적어도 공부는 잘한다는 뜻이잖아요.
그걸 살리면 의학 분야에서 혁신을 일으킬 수도 있고, 다른 분야에서 무
언가 해낼 수도 있을 텐데 하려는 사람이 없어요. 이런 경향의 원인이
일본 교육에 있는지, 일본인의 정신 자체에 있는지는 모르겠습니다. 어
쨋거나 해외, 특히 미국하고는 확연히 다르죠.

무라카미 그런 성향은 우리 세대나 지금 세대나 한결같군요. 예전
에도 그랬습니다. 교토 대학교 의학부에 들어온 동기에게 수험생일 때
는 어디를 지망했느냐고 물었더니, 도쿄 대학교 법학부가 제1지망이었

고 교토 대학교 의학부는 제2지망이었다더군요. 도대체 왜들 그러는지 원.

도쿄 대학교 법학부에 들어가 관료가 되어야 이상적이다, 그게 안 되면 다음은 교토 대학교 의학부다. 법학부라면 도쿄대지, 교토대로는 안 간다. 이런 흐름입니다. 머리는 총명하지만 이미 뼛속들이 안정, 안정만 지향합니다.

일본의 나쁜 점은 겉으로는 돈 따위 신경 안 쓰는 척하면서 내심 안정과 출세를 바란다는 겁니다. 월급이 500엔 덜 오르면 회사 동기하고 술을 마시며 "이따위 회사 당장 그만둔다!" 하고 큰소리치지만 다음 날 아침이면 어김없이 출근합니다. 일본인이 지닌 이 형용하기 어려운 감각이 온갖 악의 근원입니다.

돈 따위 신경 안 쓴다는 말은 겉치레고, 역시 돈이 많았으면 하는 게 본심입니다. 탐욕스럽게 큰돈을 원한다기보다는 결혼할 때 신부에게 좀 더 좋은 반지를 해주고 싶다는 수준의 욕구랄까요.

그렇지만 겉마음과 속마음이 지나치게 어긋나다 보니 태도가 복잡해지지요. 남들 앞에서는 아이에게 "좋아하는 일을 하려무나." 해놓고 뒤돌아서면 "의학부에 가세요."라고 말하는 어른이 그 전형입니다.

테후 말씀을 듣고 있자니 그때나 지금이나 하나도 안 변했네요.

무라카미 안 변했지요. 시대는 변했어도.

테후 음, 교육 시스템이 바뀌기는 했잖아요. 유토리교육*이다 뭐다 여러 가지로. 그런데 그 결과가 이렇다니. 사람의 속마음이란 기본적으로 바뀌지 않는군요. 개혁의 방향이 틀렸다는 생각이 듭니다.

간토와 간사이의 명문 학교, 아자부와 나다

무라카미　기본적인 질문인데 왜 공부하는지에 대해서도 생각하나요?

테후　그럼요. 더구나 저 같은 경우는 중학교에 들어갈 때까지 아무 생각 없이 공부하는 데만 집중했기 때문에 오히려 더 많이 생각합니다.

무라카미　하기야 오로지 입시만 보며 공부했을 테니.

테후　네, 정말 그랬어요. 하지만 정작 나다는 기본적으로 방임주의라 초등학교에서 하듯이 엉덩이를 때려서라도 공부를 시키는 일은 전혀 없습니다. 공부하는 이유도 알아서 생각하고요. 저 말고도 생각하는 애들은 다 생각한답니다.

무라카미　도쿄의 아자부, 가이세이, 쓰쿠코마**와 비교한다면 어디와 비슷한가요?

테후　아자부입니다. 아자부와 나다는 사고회로가 닮았다고들 해요. 자매 학교이기도 하고, 학교 이념도 닮은 구석이 있대요.

무라카미　우리 아들은 딸과 다르게 일본에서 교육을 시켰어요. 아자부에 보냈는데, 딱 학교에 들어가더니 이제 공부는 안 하겠다고 그러더

★ 유토리교육(ゆとり教育) : 창의성과 인성을 중시하는 일본의 교육 정책으로 유토리(ゆとり)는 '여유'라는 뜻이다. 주입식 교육을 탈피한 여유 있는 교육을 말한다.

★★ 쓰쿠코마(筑駒) : 쓰쿠바(筑波) 대학교 부속 코마바(属駒場) 중학교 및 고등학교. 대학을 잘 보내기로 유명하다.

군요.(웃음)

테후 나다도 비슷한 분위기예요. 공부 안 하는 애들은 진짜 안 하거든요. 그렇다 보니 현역으로는 좋은 대학에 못 들어가고요.

무라카미 그런 학생들은 보통 재수해서 도쿄 대학교에 들어가지요. 일단 본머리가 좋으니까 마음먹고 공부하기 시작하면 어떻게든 갑니다. 그리고 그 친구들은 본격적인 입시 준비도 늦게 착수하잖아요. 가을에 운동회 실행위원회 같은 데 들어가서 거기 매달리다가 운동회 끝나고부터 입시 준비를 시작하니 당연히 늦어질 수밖에. 대신 그 경험을 가지고 평생 으스대기는 하지만.(웃음)

테후 어쩜 그런 점도 나다랑 똑같네요. 참고로 저는 학생회 Web위원장을 지냈습니다.(웃음)

튀는 학생들만 모이는 나다 학교

무라카미 나다에 들어가길 잘했다고 생각합니까?

테후 네. 장단점이 모두 있는데 아무래도 장점이 훨씬 크거든요.

제가 지금 이 자리에서 이야기하고 있는 것도 나다에 들어온 덕분이라고 생각해요. 앱을 만들기 시작했을 때도 다른 학생들에게 묻히기 싫다는 마음이 큰 원동력이었고요.

이런 면에서 보면 역시 나다처럼 여러 방면에서 튀는 학생들만 모인 학교에 들어오기를 정말 잘했어요.

창의력을 만드는 방법

나다 학생들이 세상 물정을 모른다는 약점도 있지만, 저는 사회에 나가 이런저런 작업들을 하면서 세상을 접하고 있으니까 괜찮습니다. 그러고 보면 제가 나다에 들어와서 안 좋은 점은 하나도 없는지도 모르겠습니다.

무라카미   나다 학생이 세상을 모른다는 생각은 어떨 때 들지요?

테후   경어를 사용할 줄 모르는 애들이 무척 눈에 띄어요. 나다 안에만 틀어박혀 만족하는 학생이 많습니다. 서로 경험도 비슷하고 이야기도 잘 맞으니까 통하는 친구들끼리만 어울려요. 다른 사람과는 어울리지 않습니다. 특히 어른하고는. 선생님께 "수고하세요."라거나 "고생하세요."라는 말을 무분별하게 쓰기도 하고요.

선배들 중에도 졸업하고 나서 사회에 적응하지 못하는 사람이 많습니다. 저는 그런 사람은 되고 싶지 않아요. 졸업하기 전에 사회규범을 제대로 알아두어야 한다고 생각합니다.

무라카미   선생님이 뭐라고 안 하나요?

테후   전혀 간섭하지 않으세요. 저희 학교에는 선생님을 선생님이라 부르지 않고 누구누구 씨라고 부르는 관례가 있는데, 저는 이게 좀 걱정입니다. 앞으로 사회에 나가면 이런 호칭은 통념과 부합하지 않으니 주의하라고 선생님도 종종 말씀하세요. 가령 사회 선배가 고등학교 시절에 존경하던 선생님이 있느냐고 물었을 때 "아무개 씨"라고 대답하면 안 된다고. 나다에서는 《유메탄》 참고서 시리즈로 유명한 영어 담당 기무라 다쓰야 선생님도 '기무타쓰'라고 부르는걸요. 이런 호칭은 학교 내에서야 문제가 없지만 제삼자에게는 통용되지 않겠지요.

무라카미　구제 고등학교* 같은 식이려나. 선생과 학생을 대등한 관계로 보는. 나다 특유의 관례로서는 괜찮아 보입니다.

테후　저는 그냥 그러려니 해요. 딱히 바꿨으면 하지도 않고요. 말씀대로 지금 윗세대 분들이 학생이었을 때는 한 세대 전부터 이미 했던 방식인데, 그걸 굳이 바꾸라고 하는 것도 난센스 같습니다.

교육 제도 혁명보다 교사가 더 중요하다

무라카미　나는 원래가 대체로 인생을 긍정하는 사람인지라 '지나고 나서 돌아보니 다 좋더라' 하는 경향이 있을지 모릅니다. 하지만 이를 감안해도 내가 다닌 사이키카쿠조 고등학교는 좋은 학교였어요. 그건 뭐니뭐니해도 훌륭한 선생들이 있었던 덕분입니다.

사이키카쿠조 고등학교는 지방 학교들이 흔히 그랬듯이 사이키 중학교라는 구제 중학교가 학제 개혁에 따라 그대로 신제 고등학교가 된 학교입니다.

선생들 대부분은 사이키 중학교를 졸업한 뒤 고장에서 멀리 떨어지지 않은 히로시마의 고등사범학교에 진학했습니다. 머리는 좋지만 집이 가난한 경우가 많아서 그럴 수밖에 없었지요. 넉넉한 집에서 자란 선생도 몇 있었는데, 그런 경우는 구마모토의 제5고등학교로 진학해서

★ 구제 고등학교 : 일본의 옛 고등교육기관. 1950년 시행된 학제 개혁에 따라 대부분 대학교로 흡수되었다.

제국대학 같은 데를 갔고.

그리고 나면 대학을 졸업하자마자 고향으로 유턴합니다. 세계에 대해서는 아무것도 배우지 않고 그대로 돌아와요. 영어를 예로 들자면 《사이토 영일 중사전》을 몽땅 외우는 선생이 있었습니다. 단어를 외운다기보다 사진 찍듯이 기억하는 사람이었지요. 사이키 지역에는 군항이 있어서 늘 자위대의 파견부대가 주둔하고 때때로 미국 해군도 들어왔습니다. 소프트볼 친선경기라도 열리는 날이면 운동장이 넓은 장소가 사이키카쿠조 고등학교밖에 없으니 미군이 운동장을 빌려가곤 했어요. 그날은 미국 해군 병사들이 우르르 몰려오니까 우리는 선생님의 등을 떠밀었습니다. "미국인하고 얘기해 보세요."하고. 그런데 웬걸, 한마디도 못 하더군요. 아, 영어란 이런 것인가 싶더군요.

내게 큰 영향을 준 선생님은 미야자키 다이키치라는 1학년 때 담임입니다. 규슈 대학교 수학과를 나와서 석사까지 마친 선생님이었는데 시류에서 벗어나 제 고장으로 돌아온 사람이었습니다.

나는 또래보다 수학을 잘하는 편이었어요. 수업 시간에 지루해 하는 기색이 보였는지 선생이 묻습니다. "무라카미, 수업이 재미없니?" 재미없지는 않고 다만 이미 다 풀 줄 안다고 대답했더니 그러면 마음대로 다음 진도를 나가래요. 그리 말씀하셔도 누군가 가르쳐주지 않으면 혼자 이해하기 어렵다고 하자 이번에는 "스켄 출판사에서 나온 《차트식》이라는 책이 있으니 그걸 풀어 봐라. 내가 가르칠 수 있는 부분은 성심성의껏 전부 알려주마. 지금 어디까지 공부했지?"라고 하십니다. 그래서 내가 지금 수3 미적분까지 나갔다고 했죠. 좀 자랑하자면 나는 고등학교 1학년 때 수학III까지 끝냈습니다. 여하간 그렇게 대꾸하니까 "우와, 그럼 이제 문제 연습만 남았는데 그건 3학년 올라가서 해도 충분하니까 무라카미는 시간이 남아돌겠구나." 하세요. 꼭 그렇지만도 않다고 이야기하니 웬 책을 추천했습니다. "도서관에 조지 가모프 전집이 있으니 시간 있을 때 그것을 읽어 둬라." 하고. 조지 가모프라는 사람은 당시 생존하던 미국의 이론물리학자로 상대성이론이나 양자역학을 재미있게 서술했습니다. 모든 내용이 이해되지는 않았지만, 그 전집을 읽은 일이 내게는 '삼라만상을 이해하고 싶다'는 호기심의 원천이 되었습니다. 물리라는 세계의 넓이와 깊이, 특히 소립자와 양자의 신비에 관심을 갖는 계기가 되었지요. 그런 책을 소개해 주는 선생님과 만나다니 이 얼마나 근사한 일인지!

일본어 또한 그렇습니다. 내가 쓴 책을 보면 문체에 어떤 독특한 리듬이 있지 않습니까. 여기에도 고등학교 때 받은 수업이 영향을 미쳤습니다.

고문古文 선생님이 1교시 시작 전에 고문 강독을 했거든요. 나올 수 있는 사람만 참여해도 상관없으니 나오라고 해서 무엇을 하려나 싶었는데 《사라시나 일기》를 1년에 걸쳐 읽겠다지 뭡니까. 아직 고전 문법은 배우지도 않았건만. 《사라시나 일기》는 현대문에 가까우니 그냥 읽을 수 있다면서, 문법에 대한 아무런 해설 없이 다 같이 쭉 읽어나갔지요.

그러므로 6·3·3제와 같은 교육 체제를 두고 좋다, 나쁘다 평가하는 일이 얼마든지 가능하지만 역시 관건은 교사입니다.

창의력을 만드는 방법

학교는 입구에 지나지 않는다

무라카미 우리 세대가 초등학생일 때는 사회가 자연물 채집 경제 같았습니다. 장어를 한 마리 낚아도 먹으려고 낚았으니까. 겨울이 오면 규슈에서는 고구마를 잘라 말렸습니다. 고구마말랭이를 만드는 것인데 친구들하고 고구마말랭이 서리도 많이 하곤 했습니다. 고구마를 널어둔 툇마루에 주인 할머니가 계시는데도 친구들이랑 가서 "할머니, 저기!"라고 소리칩니다. 할머니가 딴 데를 보는 사이에 한 놈이 냉큼 고구마를 집으면, 다른 놈이 남은 고구마를 흩뜨려 얼른 빈틈을 감췄지요.(웃음) 아마 할머니도 다 알고서 쟤네들 또 왔네 그러셨겠지요. 그 할머니께서 "얘야, 저 땡감은 이제 못 따니까 너희들이 딸 수 있으면 따다 먹으려무나." 하시면 나무에 올라 땡감을 따기도 했습니다. 따온 땡감은 주머니칼로 깎아서 곶감을 만들었고. 감이 마르는 동안 매일 핥아보며 "아직 못 먹겠네." 했지. 그러다가 결국은 덜 말라 떫은 곶감을 다 같이 자랑하며 먹기도 하고.

그렇게 본능적으로 자연과 얼굴을 맞대고 살아왔습니다. 그런 생활속에서 길러진 자연에 대한 흥미가 미야자키 선생을 만난 덕분에 첨단지식으로 이어지게 되었죠. 참 운이 좋았어요.

그래서 나는 교육 제도 자체보다는 다른 기회나 만남이 중요하다고 느낍니다.

테후 저는 학교란 어디까지나 입구에 지나지 않는다고 봅니다. 수학이든 영어든 학교에서는 대충 가르칩니다. 다양한 배움 가운데 어떤 한가지, 이거다 싶은 분야를 발견하여 그것을 사회 속에서 심화하는 편이 바람직하지 않을까요? 저 같은 경우는 학교에 기대지 않고 IT라는 분야를 발견했으므로 교육에 크게 신세를 지지는 않았지만요.

제 말은 학교에 갈 필요가 없다는 뜻이 아닙니다. 그건 전혀 다른 이야기지요. 모름지기 학교라는 곳이 공부를 가르치는 장소이기는 하나, 이보다 더 중대한 문제는 '학교에서 무엇을 공부하느냐'입니다. 학교란 학문뿐 아니라 인간관계나 사회생활처럼 다양한 세계를 학습하는 장소가 아닌가요?

학교는 오로지 학문을 닦는 장소라고 말하는 사람은 아무도 없습니다. 순수한 학문뿐만 아니라 학교 밖을 포함해서 사람과 사람과의 관계 등을 충실하게 하는 여유가 옛날에는 있었잖아요. 유토리교육의 목표가 이것이라면 저는 찬성입니다. 그거면 충분하다고 생각해요.

유토리교육은 학력 저하를 이유로 사라졌습니다. 그건 어쩔 수 없습니다. 그러나 학력이 낮아지면 뭔가 문제가 일어나나요? 미국의 학력 수준은 심각하지만, 지금도 멀쩡히 움직이며 세계 유수의 기업을 배출하고 있습니다. 일본은 뭐든 학력을 전제로 돌아갑니다. 공부를 못하면 답이 없다든가, 학력이 곧 국력이라고 하는데 과연 이것이 타당할까요?

공부를 못하는 사람이 장차 성공할 확률이 적은 것은 사실이지만, 완전히 비례하지는 않습니다. 공부로 따지면 하위권인 집단에서 사회의 최상위층이 나오는 사례도 충분히 있잖아요. 그러니 학력의 높낮이에 너무 민감하게 반응할 필요가 없습니다.

학생의 능력을 측정하는 객관적인 지표가 시험 점수밖에 없어서 어쩔 수 없다고 말한다면, 그거야말로 어쩔 수 없겠지요. 무언가 학생의 사회적인 능력을 숫자로 나타낼 만한 다른 지표가 있으면 좋겠습니다.

월반이 없어서 발생하는 폐해

무라카미 테후 군이 생각하는 이상적인 학교가 있나요?

테후 모든 사람에게 적용하기는 어렵겠지만, 제가 생각하는 이상적인 학교는 고등학교 교육까지 전부 자기가 공부하고 싶은 것을 공부하는 학교입니다.

나다에서 교장을 지내고 지금은 리쓰메이칸 대학교의 교수이신 분이, 일본에 하나뿐인 교육 방침을 도입한 초등학교, 중학교, 고등학교가 있다는 말을 듣고 보러 가셨다고 해요.

학교 건물하고 교실은 있지만 수업이 없는 학교라더군요. 아침에 등교하면 곧장 도서관으로 달려가 책을 빌리고, 좋아하는 분야를 공부한대요. 발표 자료 같은 걸 만들어서 제출하는 방식으로 성적을 받고요. 이런 학교가 일본에 딱 한 곳 있다는데 이상적이라고 생각했습니다.

물론 초등학교 때부터 그렇게 공부하는 방식이 효과적일지는 잘 모르겠어요. 어쨌든 최소한 저는 그런 학교에 몹시 매력을 느낍니다. 나다도 좋은 학교이기는 하지만, 자기가 하고 싶은 공부를 마음껏 하기에는 이런저런 압박이 있습니다.

저는 도쿄 대학교를 포기하고 입학 시험이 쉬운 대학교에 입학할 계획입니다. 그러면 공부를 열심히 하지 않아도 되고요. 그리고 1년 반 동안 진학할 만한 성적만 유지한다면 그 다음에는 자유롭게 시간을 사용할 수 있겠지요. 그런 게 사실은 저의 이상입니다.

무라카미 이미 거기까지 내다봤군요.

테후 하다못해 월반이라도 허용해 달라고 늘 주장하는걸요.

무라카미 과연 그럴 만합니다. 우리 집 애들은, 큰딸은 미국에서 성장해 하버드에 들어갔으니 그대로 미국에 두고, 초등학교 4학년이던 작은아들만 데리고 들어왔는데 이 녀석이 영어밖에 못 하다 보니 일본 교육체계하고 안 맞더군요. 대학교를 어떻게 보내나 고민하다가 게이오 대학에 SFC*라는 학부가 있다는 사실을 알았습니다. 우리 아이 때 SFC 입시는 영어 200점, 내신 100점, 논문 100점으로 최저 합격점이 250점 정도였는데 과거 출제된 문제를 구해서 풀어보게 했더니 영어는 단박에 만점이 나오더군요. 얼씨구나, 싶었지만 내신이 빵점. 그래도 논문 점수를 절반은 줄 테니까 총합 250점은 나오겠다 싶어서, 이런 작전으로 SFC에 보냈답니다.

내가 하고 싶은 말은 테후 군도 다르지 않다는 겁니다. 테후 군이 일본에 있는 한, 이곳 대학교에 들어가려면 일본의 교육체계를 비집고 들어가는 수밖에 없어요. 나는 이것이 유감스럽습니다.

우리 아들은 아자부에 보냈다고 했지요. 일단 아자부에 보내기로 결정했다면 어르고 달래서 보내는 게 아니라 어떻게든 보내야 합니다. 우리 집 작은 녀석도 얘는 성격상 대형 학원은 무리라고 판단해서 소규모 학원에 보내 아자부에 입학시켰습니다.

아내는 아자부의 합격 발표를 확인하고 돌아선 참에 테츠료쿠카이 학원*의 광고지를 받아 왔습니다. 광고지에 "지금이라면 시험 없이 들

★ 게이오 SFC : 게이오기주쿠 대학교 쇼난후지사와 캠퍼스(慶應義塾大学湘南藤沢キャンパス, Keio University Shonan Fujisawa Campus). 1990년 정보화 사회에 걸맞은 새로운 존재 방식을 추구하는 대학교로서 신설되었다. 종합정책학부와 환경정보학부 등이 있다.

어올 수 있습니다."라고 쓰여 있더군요. 아내가 아들에게 물었습니다. "여기 다닐래?" 아들이 버럭 화를 내더군요. "중학교에 들어가면 당분간 놀아도 된다고 했잖아요!"라면서.(웃음) 우리 집은 보통 이런 식입니다.

하던 얘기를 마저 하자면 그럼 그 후에 어떻게 됐느냐. 애가 테츠료쿠카이는 안 가겠다고 펄펄 뛰어서 다른 학습 프로그램을 시키는 방향으로 중학교 수학은 3개월에 끝냈어요. 테후 군도 그랬을 텐데, 중학교 입시를 산수로 친 사람은 금방 음수와 대수로 넘어가지요. 문자식도 가르쳐 주기만 하면 일차함수며 뭐며 눈 깜짝할 새 이해합니다.

이 말은 월반을 허용하지 않으면 학교 학습이 제자리걸음 한다는 뜻입니다. 더군다나 테츠료쿠카이 같은 데는 다닌 학생들은 고등학교 1학년에 수3까지 끝내 버리지 않습니까.

테후 테츠료쿠카이는 진도가 초고속이네요.

무라카미 그러니 고등학교 진도를 다 마쳤다면 그때 바로 대학교에 들어가면 되지 않겠어요? 대학에 일찍 들어가면 그만큼 돈도 절약될 텐데. 요즘은 학원을 위한 학원까지 있는 마당 아닙니까. 이런 시대에 뒤처지지 않으려 중산층 사람들이 자식을 위해 무리를 해서라도 돈을 벌고요. 악순환입니다. 이것을 끊어야 합니다. 월반을 허용하면 교육비가 들어가는 기간을 줄일 수 있겠지요. 현재로서는 아무리 재능이 뛰어나도 제도의 한계를 넘지 못하고 제자리걸음 하며 시간을 낭비할 수밖에

★ 테츠료쿠카이(鉄緑会) : 상위 대학교 입시 전문 학원. 도쿄 대학교 학부생 및 대학원생, 졸업생이 강사인 것으로 유명하다. 현재는 베넷세 코퍼레이션(Benesse Corporation) 산하에 편입되었다.

없습니다. 답답한 노릇입니다. 바람직하지 않아요.

내가 미국에서 만난 기업 경영진 가운데는 20세에 이미 학사 학위를 취득한 사람이 우글우글했습니다. 잘하면 28세에 대학교수 자리에 앉기도 하죠. 일본에서는 상상도 못할 일입니다.

일본에서 월반이 가능한 경우는 외교관 시험과 사법 시험뿐입니다. 그것이 외교관 중에 도쿄 대학교를 중퇴한 사람이 있는 이유인데 여하튼 그 두 곳밖에 없습니다. 나머지는 음악가와 스포츠 선수뿐. 이시카와 료처럼 골프를 치면 수준에 맞춰 월반할 수 있습니다. 그런데 왜인지 일본은 학문으로만 가면 모두가 합심해서 발목을 잡아요.

테후 토론 수업에서 일본 교육과 미국 교육 중 어느 쪽이 나은지 의논한 적이 있습니다.

저는 미국 측이었는데 일본 교육은 학력에 치우쳐 있어서 일본의 장래에 긍정적으로 작용하지 않는다는 점을 데이터화하여 설명했습니다. 지금 일본에 도입해야 할 교육 방식은 미국의 방식이다, 평균이야 다소 떨어질지라도 걸출한 리더를 배출하는 교육이라고 이야기했어요. 그랬더니 나다 고등학생들에게는 상당히 반응이 좋았습니다. 흥미로워하더라고요.

획일 교육은 시간 낭비다 APP

무라카미 하물며 이과계 수재는 더더욱 월반할 필요가 있습니다. 노벨상을 탈 만한 업적은 대부분 20대에 이루어지니까.

창의력을 만드는 방법

수학올림픽이며 물리올림픽, 화학올림픽이 있는 게 그나마 다행입니다. 하나 더 추가하자면 베넷세가 테츠료쿠카이를 넘어서는 월등한 수학 코스를 운영하고 있어요. 테츠료쿠카이는 그저 머리가 좋은 보통 아이들이 다니지만 베넷세는 수학에 특수한 재능을 지닌 아이들을 모집합니다. 흔히들 '우주인'이라고 부르는 그런 영재들 말입니다. 나다에도 몇 있겠지요.

테후 있습니다, 있어요.

무라카미 그 친구들을 보고 있으면 이 아이는 도대체 정체가 뭐지 싶잖아요. 터무니없이 복잡한 문제를 순식간에 풀어 버립니다. "얘야, 혹시 머릿속에 4차원 그림이 그려지니?"라고 묻고 싶을 정도로. 그런데 이런 아이들을 데려다 특별 코스를 운영하는 주체가 민간 업체인 베넷세에요. 국가가 아닙니다. 민간에 기대고 있는 것이지요.

테후 특수 교육을 민간에 맡기면 학원이랑 학교를 다 다녀야 하잖아요. 큰일입니다. 과제가 늘어 버리니까요. 집중력이 떨어집니다.

무라카미 간사이 쪽에도 테츠료쿠카이 같은 데가 있나요?

테후 테츠료쿠카이가 오사카에 진출해 있습니다. 우메다하고 니시노미야에 지점이 있어요. 나다 고등학교에서도 학년의 30~40퍼센트는 여기를 다닙니다. 지독하지요.

무라카미 그럼 학교 수업 시간에 졸릴 텐데. 학원에서 진도를 1년 정도 먼저 나가 버리니 말입니다.

테후 나다의 수업도 충분히 진도가 빠른데, 심지어 나다 수업을 예습한다니. 왜 그럴까요. 무슨 생각인지 모르겠습니다. 그럴 바에야 차

라리 수학올림픽 같은 데 나가는 편이 낫죠. 저희 반에 물리올림픽 일본 대표가 둘 있는데 각자 금과 은을 땄습니다. 걔네들은 수업이 끝나면 교실 뒤편 칠판에다 수식을 줄줄 쓰면서 양자역학에 관해 토론합니다. 그럼 선생님이 그리로 걸어가서 "오, 이건 이런 거란다. 책을 가져오마." 말하고 아래층에서 책을 가져 오십니다. 학교 공부란 이래야 하지 않나요?

무라카미 맞아요. 결국, 원흉은 일본 교직원 조합입니다. 달리기 시합 참가자 전원에게 일등상을 줘야한다는 식으로 엘리트의 출현을 가로막는 사상적 배경이 별로예요.

테후 일반 고등학교는 기본적으로 모두 동일한 교육을 받지만 대학교는 다르잖아요. 일단 전공을 나누니까요. 단 전공에만 초점을 맞추지 않고 유연하게 배울 수 있는 환경을 마련하길 바랍니다. 어떤 경우든 가능성을 좁혀서는 안 돼요.

한데 주변을 둘러보면 양극단으로 나누어 있습니다. 별다른 목표 없이 일단 공부하는 사람과 이미 완전히 방향을 정하고 목표를 향해 돌진하는 사람. 저로서는 대략적으로 목표를 정한 다음 종합적으로 공부하는 편이 더 낫다고 생각합니다. 물론 일본의 학부 혹은 이과와 문과를 나누는 방식에도 문제가 있어 보여요.

창의력을 만드는 방법

대기만성형 인간을 배출하는 리버럴 아츠

테후 무라카미 선생님의 말씀을 듣노라니 역시 리버럴 아츠*가 아닌 교육체계가 원인이라는 생각이 듭니다.

장차 IT 업계를 이끌어갈 사람이라면 IT에만 지식이 치우쳐서는 안 됩니다. 정치·경제 및 사회학적 지식은 물론이고, 인문과학적 교양이 없거나 예술을 등한시해서는 성장하지 못합니다.

잡스를 봐도 알 수 있지요. 잡스는 고등학교 시절부터 컴퓨터를 만지작거렸지만 대학교는 금방 그만뒀고, 캘리그래피를 배우고 예술도 하면서 폭넓게 살았잖아요. 잡스의 업적을 살펴보면 그런 다양한 경험이 유용하게 쓰였다는 게 드러납니다.

이런 면에서 미국 대학교의 리버럴 아츠는 우수합니다. 일본처럼 문과계와 이과계로 나누지 않지요. 자유롭게 원하는 수업을 고를 수 있으므로 예술계, 문과계, 이과계를 불문하고 갖가지 수업을 들으며 종합적인 지식 수준을 높일 수 있어요.

전공에 집중하는 방식도 나쁘지는 않습니다. 한 분야에 몰두하고 싶은 사람은 굳이 관리자나 경영자 입장에 설 이유도 없고요. 다만, 역시 정상을 차지하는 사람이나 기발한 아이디어를 내는 사람은 광범한 지식을 갖춰야 합니다. 잡스가 철학에 흥미가 있었다는 사실은 유명하지요. 뜻밖의 관심사가 몇 가지 모이면 점과 점이 선으로 이어지듯 연결되는 법입니다. 따라서 보통 사람이 떠올리지 못하는 독창적인 발상을

★ 리버럴 아츠(liberal arts) : 인문과학, 자연과학, 사회과학을 횡단하는 교양학.

하려면 되도록 타산적이지 않은 삶을 살아야 합니다.

오늘날의 세상, 좁게 말해 기업은 인재를 채용할 때 즉전력*을 강조합니다. 실전에 투입되는 즉시 실적을 내지 않으면 냉담하게 보는 분위기가 있어서 '여유'라는 개념이 사라지고 있습니다. 어쩌면 일본에서는 리버럴 아츠가 마냥 느긋해 보일는지도 모르겠습니다.

미국의 리버럴 아츠를 받아들여 선진적으로 대처하고 있는 게이오 대학 SFC를 바라보는 시선도 냉정합니다. 설립된 지 채 20년도 지나지 않았는데 IT 업계 일각에서는 결과가 나오지 않는다며 실패했다고 평가합니다. 이상하지 않나요?

SFC를 비판하는 사람들의 요지는 SFC 졸업생이 IT 분야에서 즉시 능력을 발휘하지 못하고 있으니 이는 곧 실패라는 것입니다. 그러나 SFC를 졸업한 뒤에 IT 업계 바깥에서 활약하는 사람들이 많습니다. NPO를 주재하거나 사회활동에 열중하는 방향에서요. 모름지기 사람이 사회에 나오면 바로 쓸모를 드러내야 한다는 사고방식도 저는 싫습니다. 사회로 나와 20년, 30년이 지나고부터 활짝 피어나는 사람도 있잖아요. 게다가 SFC에서 공부한 사람은 대기만성하는 비율이 높으리라고 봅니다.

일본은 대기만성형 인간이 인정받지 못하는 사회입니다. 앉으나 서나 즉전력, 즉전력 노래를 부르는데 저는 이 표현만큼은 도저히 수긍이 가지 않습니다.

미국에는 젊어서 세계로 나오는 사람이 많지요. 하지만 칠전팔기한 끝에 대성공을 거머쥐는 사람도 상당합니다. 반면 일본에서는 일부러

★ 즉전력(即戰力): 별도의 훈련 없이 실전에서 즉시 발휘되는 능력.

창의력을 만드는 방법

'재도전'이라는 말을 내세우며 도전해야 할 만큼 대기만성형을 인정하지 않아요.

30대에도 포기하지 않고 무명으로 애쓴다고 하면 무시하는 풍조가 있습니다. 이런 풍조는 미국에는 없어요. 미국의 실리콘밸리를 견학했을 때 절실히 느꼈습니다. 만약 일본에 살았다면 분명 슬슬 현실을 직시하라는 비난을 들었을 법한 사람이 느긋하게 일하며 그럭저럭 살아가는 사회. 그런 분위기가 부러웠습니다.

CHAPTER

| 태후의 생각 |

'슈퍼 중학생'
풍운록 2 :
유스트림과 SNS가
확장한 네트워크

유스트림 방송* <테후의 올 나이트 니혼>

2010년 4월, 아이패드가 나오고 아이폰 운영체제의 이름이 '아이폰 OS'에서 'iOS'로 바뀌었습니다.

유스트림에서 <테후의 올 나이트 니혼>을 시작한 시기도 딱 이맘때였습니다.

실은 방송을 시작하기 조금 전부터 아는 사람에게 스카이프를 통해 애플의 신제품 발표회를 일본어로 통역해 주고 있었습니다. 유스트림 방송은 그것을 확대한 형태에요. 이 방송을 계기로 트위터의 팔로워가 또 늘어나서 SNS의 힘을 더욱 실감했습니다.

유스트림 방송에는 맥에 내장된 카메라를 사용했습니다. 이게 없었다면 아마 방송은 못 했을 거예요.

인터넷을 검색해 보니 영상 배포용 소프트웨어가 있어서 그걸 이용하면 '지금 방송 중'과 같은 표시도 할 수 있더라고요. 그때는 유스트림이 막 궤도에 오른 무렵이었기 때문에 아직 일본에서는 기업이나 단체가 아닌 일반 송신자는 적었습니다.

저는 친구를 보고 방송에 흥미를 느끼게 되었습니다. 니코니코 동화**에서 생방송을 하는 친구가 한 명 있었거든요. 입담이 좋은 친구라 인기도 좋았고요. 친구가 말을 하면 그것에 대한 코멘트가 영상 화면에 떠오르면서 이야기가 30분씩 이어졌습니다. 멋지더군요. 언젠가 해보

★ 유스트림(ustream) 방송 : 실시간 인터넷 개인 방송
★★ 니코니코 동화(ニ コ ニ コ 動画) : 일본의 동영상 사이트. 동영상 시청자가 영상 화면에 직접 코멘트를 삽입할 수 있다는 것이 큰 특징이다.

고 싶다고 생각했습니다. 그러다가 유스트림이라는 사이트를 보고 생각을 실현하기로 마음먹었습니다.

인터넷 방송이 가능한 환경이 있고, 눈앞에 애플의 신제품 발표회라는 먹음직스런 이벤트가 있으니 제가 방송에 양념을 칠 수 있겠다 싶더라고요.

큰 반향을 바라지는 않았습니다. 애플 신제품 발표회를 일본어로 통역해 주는 방송은 당시에도 이미 있었으니까요. 애플 팬이라면 누구나 그 방송을 봤고, 저도 보고 있었지만 사실 재미있지는 않았어요.

제가 의도한 방송의 방향은 이랬습니다. 애플은 영상을 유출하지 않으므로 볼 만한 자료는 미국의 뉴스 사이트 속보에 뜨는 사진뿐이다. 그러니 애플의 미국 웹사이트에서 사진을 보며 제가 이야기하면 방송을 보는 사람도 귀로 들어오는 일본어에 맞장구를 칠 것이고, 그러는 사이 2시간이 훌쩍 지나리라. 그래, 다 같이 와글와글 웃고 떠들어 보자.

이런 형태가 라디오에 가까울지 텔레비전에 가까울지 몰라도 아무튼 함께 즐기는 방송이 좋겠다고 생각했습니다. 요즈음은 애플의 이벤

창의력을 만드는 방법

트를 이런 분위기로 배포하는 방송이 많아요. 한 20개쯤? 하지만 그 스타일을 최초로 시도한 사람은 역시 저, 테후라고 생각합니다.

제 방송이 시청자도 많고요. 요전번 발표회가 6만 명이었고, 아이폰 4S 발표회 때는 무려 25만 명으로 가장 많았습니다. 다른 유사한 방송은 대개 100명 내외의 사람들이 시청하더라고요.

애플 팬으로서 받아온 정보

애플 신제품 발표회를 일본어로 통역하는 방송이 여러 개인데도 일부러 제 방송을 보러 오는 이유는 입소문을 타기 때문일 거예요. 발표회 이틀 전부터 "테후 군이 이번에도 방송하려나?", "당연하지. 같이 보자." 하는 식으로 트위터에서 화제가 되거든요.

트위터에서 '테후'로 검색하면 그 시기에만 집중적으로 몰려와요. 연령 불문, 성별 무관. 여중생이 자기 트위터에 "테후님이 이번에도 방송하신다니 봐야지."라고 써주면 뭔가 "해냈다!" 하는 기분이 들어요. 연예인 중에도 애플 팬이 많아서 누군가 한 분이 트위터에 언급해 주시기도 합니다.

영향력이 강한 사람이나 팔로워가 많은 사람이 제 트위터를 리트윗하면 숫자는 더욱 눈에 띄게 늘어납니다. 소니 컴퓨터사이언스 연구소의 수석 연구원인 모기 겐이치로 씨나 IT 저널리스트인 하야시 노부유키 씨가 리트윗을 하면 우르르 몰려오지요. 트위터의 확산력이란 굉장합니다.

최근에는 유스트림에서 4시간이나 떠들었다니까요.(웃음) 방송이 끝난 후에는 기운이 쪽 빠져서 녹초가 되었습니다. 다음 날 학교에 가도 목소리가 나오지 않아서 수다를 못 떨었을 정도로요.

방송 내용에는 자신이 있어요. 영어는 나름대로 잘하지만 완벽하지 않은 터라. 프로가 하는 동시 통역에 비할 바가 아닙니다. 대신 저에게는 애플 팬으로서 몇 년간 축적해온 지식이 있습니다. 완벽한 통역은 못할지라도 정보만큼은 풍성합니다. 하물며 제가 아는 정보는 지난 애플의 역사를 아우르는 흐름 속에 놓여 있습니다. 저는 축적된 정보를 토대로 애플이 다음에는 이런 전략으로 나올 수도 있다는 해설을 중간중간 곁들이지요. 애플 발표회라면 과거 10년분을 전부 봤으므로 자부심이 있습니다.

게다가 방송의 가장 큰 목적은 즐거움이기 때문에 "기술적인 면에서 저보다 정통한 분이 있던데…… 그건 트위터에다 가르쳐 달라고 하세요. 아무개 씨가 이렇게 말했다던데요? 그랬어요? 으하하!" 하는 식으로 저에게 정보가 들어오는 대로 모두와 공유하고 있습니다. '내가 시청자에게 해설해 준다'가 아니라 '모두 함께 즐기자'는 것이 저의 기본 스타일입니다.

이런 면에서는 텔레비전이라기보다 라디오와 비슷한 느낌이 약간 있습니다. 시청자가 보낸 엽서로 내용이 구성되는 AM의 심야 라디오처럼 말이지요.

창의력을 만드는 방법

인터넷으로 확장하는 네트워크

앞서 에버노트의 호무라 씨가 미국에서 아이패드를 사다 주셨다고 이야기했는데, 여기에는 이어지는 내용에 있습니다. 그때 호무라 씨는 사실 아이패드를 2대 가지고 오셨어요. 하나는 제 몫이고, 다른 하나는 호리에몽˚ 몫이었습니다. 저랑 만나기 직전에 호리에몽과 만나서 저를 소개했다고 그러시더군요.

그 말씀을 듣고 난 직후 "다음에 꼭 만납시다."라는 비디오 메시지가 도착했습니다. 호리에몽이었어요.

기절초풍하는 줄 알았습니다. 호리엔몬이 메시지를 보내오다니! 호리에몽 사건이 일어났을 당시, 저는 아직 초등학생이었지만 나중에 호리에몽의 발언을 접하면서 멋지다고 느꼈거든요. 힐스족˚에 대한 동경이라기보다 세상을 떠들썩하게 하는 사람이 멋지다는 느낌이 강했습니다. 바로 그 호리에몽에게 메시지를 받았다는 사실이 무척 기뻤습니다.

그 후에도 호무라 씨 소개로 IT 업계의 이런저런 분들과 인연을 맺기 시작했습니다. 돌아보면 이 무렵의 반년이 가장 **빠르게** 성장한 시기가 아닐까 합니다. 지금은 거의 안정되었으니까요.

IT 업계에서 인연을 맺은 사람들 전부가 개발자나 제조자는 아니었습니다. 창업가나 저널리스트, 소비자 계통 사람들과도 안면을 텄습니다. 얼마나 다행인지 몰라요. 덕분에 단순한 기크˚가 되는데 그치지 않고

★ 힐스족(Hills族) : 롯폰기 힐스(六本木Hills) 내에 위치한 IT 기업이나 벤처 회사를 운영하며 같은 단지 안의 고급 맨션에 거주하는 사람들을 지칭하는 말.
★ 기크(geek) : 컴퓨터에 빠삭한 오타쿠를 이른다. 'geek'은 본래 미국의 속어로 특정 분야에 탁월한 지식을 소유한 사람을 의미한다.

전진할 수 있었습니다. 저 이외에도 앱 제작이나 이와 비슷한 트위터에서 주목을 받은 사람은 있습니다. 하지만 그들은 기크 동료나 엔지니어들 사이에서 유명해졌을 뿐 그 이상으로 나아가지는 못했죠. 기크와 일반인들 사이에는 높은 벽이 있어서 선뜻 넘어서기 어려운 부분이 있거든요.

유스트림 방송도 차츰 규모가 커졌습니다. 시청자 수가 1만 4,000명에서 3만 명으로 늘었어요. 처음에는 누군가가 우연히 리트윗을 해준 덕이라고 여겼습니다. 운이 좋다고 생각했죠. 그런데 예상보다 더 많은 분들이 방송을 보러 와주서 '이건 우연이 아니다, 되도록 오래 계속하자'고 결심했습니다. "다음 방송도 기대하고 있어요."라는 메시지를 받거나 "역시 테후!"라는 반응을 보면 마음도 흐뭇하고요.

창업해서 성공하는 사람은 고작 1%

수익을 전액 기부하기 때문에 저한테는 들어오지 않지만 앱 하나로 월 10만 엔이라는 수입이 있다고 하면 종종 창업하라는 권유를 받습니다. 그렇지만 저는 당장은 창업할 생각이 없습니다.

'창업'이란 말을 들으면 십중팔구는 긍정적인 이미지를 떠올립니다. 그러나 현실적으로 따져보면 뒤에서 실패하는 사람이 천 명쯤 있습니다. 그중 성공한 한두 명이 눈길을 끌 뿐이지요. 상황이 실제 그러한데도 창업을 옹호하는 사람들은 실패한 사람들에 대해서는 입을 다뭅니다.

창의력을 만드는 방법

실패 사례를 보면 시기를 놓친 사람들이 매우 많습니다.

호리에몽과 만났을 때도 만약 호리에몽이 4년쯤 조용히 지내다가 지금 시기에 같은 일을 했다면 특별수사본부의 눈길을 끄는 일 없이 잘 풀렸을 수도 있다는 이야기가 나왔었지요. 일을 서두르는 태도는 역시 버려야겠다고 새삼 작정했습니다.

그즈음부터 창업에 좀 더 신중해졌지요. 그전에도 창업을 칭송하는 풍조는 경계하고 있었지만요.

다들 창업, 창업 타령을 하는 이유가 뭘까요? 왜 그렇게까지 창업을 하고 싶어 하죠. 대학생이건 고등학생이건 지금 창업하는 청년들은 '창업 자체'에서 가치를 찾는 사람이 대부분인 것 같아요. 어떤 구체적인 아이디어나 하고 싶은 일이 있어서 창업하는 사람은 소수에 불과합니다.

제 지인 중에 중학생 때 창업한 요네야마 유이토라는 사람이 있습니다. 요네야마는 카드를 가지고 화학 공부를 할 수 있는 '케미스트리 퀘스트'라는 카드 게임을 스스로 개발했습니다. 그 게임이 히트를 쳐서 회사를 차렸고요. 대단한 사람입니다.

트위터에 창업했다는 얘기를 써놓고, 프로필에는 '18세 창업'이라고 적어 놨어도 실제로 무엇을 하고 있는지 알 수 없는 사람이 태반입니다. 그들과 요네야마는 경우가 다릅니다. 5년쯤 지나고 나면 그들 대부분이 꼬리를 감추지 않을까 예상하며 지켜보고 있습니다.

전부 사라진대도 이상하지는 않겠지요? 어차피 창업해서 성공하는 사람은 1%라고 하잖아요.

제가 볼 때 나머지 99% 중에 진심으로 창업하는 사람은 별로 없습니다. 뒤집어 말하면 진심으로 최선을 다해 창업하는 사람은 대개 어떻게든 성공하게 마련이고요. 저는 창업해서 성공한 분들을 많이 알기 때문에 창업이 무조건 힘들다고 여기지도 않지만, 성공하는 사람들을 볼 때마다 '진심을 다하지 않고는 불가능'하다는 사실을 매번 실감합니다.

성공하는 창업가 중에 '보통 사람'은 없다

지금까지 제가 만나본 창업가들의 공통점은 보통 사람이 아니라는 점입니다. 모두 어딘가 엉뚱한 구석이 있다고 할까, 상식을 벗어나는 면이 있습니다.

거짓말인가 싶은 이야기가 자주 들리고 특이한 사람도 무척 많아요. 특이한 사람이니까 별난 생각도 하는 것이겠지요.

잡스야말로 딱 그런 사람입니다. 마음 맞는 사람이 적고, 타인과의 유대도 별로 끈끈하지는 않았던 듯싶은데 그만큼이나 성공했잖아요. 그건 필시 잡스의 기발한 발상이 다른 사람을 압도했기 때문이 아닐까요?

보통 사람은 아이디어도 평범합니다. 저도 좀 독특해지고 싶지만 날 때부터 특이한 사람은 거의 없습니다. 그렇다 보니 스스로 의식해서 상식을 뛰어넘는 사람도 적지 않습니다. 틀에 갇히지 않으려고 기인이나 괴짜를 주위에 두고서 자기도 한패가 되려고 합니다. 그런 식으로 새로운 아이디어를 잇달아 내놓는 사람이 있어요. 상식을 깨는 작업은 창작의 과정에서 가장 중요합니다. 창조란 결국 상식에 반反하는 일이니까요.

저도 독특한 사고를 하고 싶습니다. 발상이 기발한 사람을 동경해요.

어떻게 그런 아이디어가 나오는지 궁금합니다. 아마 정작 본인은 문득 떠올렸을 테지만, 그렇다면 저에게도 성공의 기회가 있지 않을까요? 몇 가지 아이디어가 있기는 하거든요. 생각이 거의 마무리되어서 실현 단계에 들어선 아이디어도 있습니다.

발상이 기발한 경영자가 세계를 바꾼다

기발한 발상은 세계를 보는 시각을 바꿉니다. 스마트폰 앱 '세카이 카메라'는 바로 그런 체험을 선사하는 앱입니다.

이구치 다카히토 씨는 '세카이 카메라'의 제작사인 돈치도트를 창업한 분입니다. 저는 좋아하는 경영자가 누구냐는 질문을 받을 때마다 이구치 씨 성함을 입에 올립니다.

제가 이구치 씨를 왜 좋아하는가 하면 그분도 엉뚱하기 때문입니다. 엉뚱한 사람이 회사를 경영하므로 돈치도트라는 회사 자체가 엉뚱한 분위기를 풍깁니다. 이구치 씨는 현재 돈치도트에서 물러나 또 새로운 사업을 시작하셨다지요.

'세카이 카메라'는 큰 화제를 불러 모았습니다. 하지만 '세카이 카메라'만으로는 상품이 되기 어렵다고 봅니다. '세카이 카메라'는 스마트폰의 GPS 기능과 카메라, 인터넷을 이용하여 한 화면에 여러 사람이 에어태그를 첨부해 정보를 공유하는 앱입니다. 에크테그는 문자, 영상, 음성 등의 추가 정보로 평소 우리가 보는 세계를 IT를 활용해 확장하지요. 저는 이 앱을 접하고 세계를 보는 시각이 달라지는 충격을 받았습니다.

더군다나 '세카이 카메라'는 무료여서 광고로 수입을 올리는 앱도 아닙니다. 그런데도 여전히 배포되고 있어요. 이구치 씨가 '세카이 카메라'로 하고 싶었던 바는 사업이 아니라 이 세계의 인식을 바꾸는 일이었다고 생각합니다. 일본에서 저렇게까지 이익을 도외시하고 사회를 바꾸려는 사람은 몹시 희귀하지요.

무엇보다 이구치 씨와 대화하면 재미납니다. IT에 대해 이야기하다 말고 뜬금없이 연애론을 꺼내서는 IT 업계에서 인기 있으려면 어째야 한다는 둥 테후 군은 이란 같은 나라로 가면 잘나갈 거라는 둥 혼을 쏙 빼놓지요.

순수하게 재미있어서 계속 수다를 떨다 보니 어느새 10시간이 훌쩍 지났더라는 사람은 흔치 않습니다. 게다가 수다 마지막에는 원래 하던 이야기도 제대로 끝냅니다. 저도 이구치 씨처럼 서로 다른 분야를 종횡무진으로 넘나들며 말하고 싶은데 흉내조차 내기 어렵더라고요.

벤처기업에서 인턴 체험을 하다

지금은 기업에 들어가 일하는 데 관심이 없지만 한때는 기업이란 곳이 어떤 곳인지 궁금했습니다.

항상 홀로 프로그래밍을 공부하거나 앱을 제작하다 보니 팀에 소속되어 작업해 보고 싶다는 마음이 생기더라고요. 팀 작업과 개인 작업이 얼마나 다른지 몸으로 직접 느끼고 싶었어요.

창의력을 만드는 방법

그래서 인터넷으로 알게 된 '판카쿠'의 사장님께 부탁을 드렸어요. 판카쿠는 게이오 대학교 SFC 산하 이노베이션 빌리지의 지원을 받아 설립된 회사로 스마트폰용 게임 소프트를 만드는 벤처기업입니다. 아직 중학생 신분이어서 일한다기보다 견학하는 형태로 겨울 방학 때 2주간 근무했습니다. 감사하게도 근처에 호텔까지 잡아 주셔서 호텔에 머무르며 출퇴근을 했습니다.

제 부탁을 받으셨을 때도 흔쾌히 수락해 주셨답니다. 판카쿠를 세운 야나기사와 야스히로 사장님께 일하게 해달라는 메일을 보냈더니 5분쯤 후에 사장 권한으로 허락한다는 답장이 왔습니다. 벤처기업 사람들은 행동이 재빨라요. 대기업에서도 트위터로 우리 회사에 놀러오라는 제안을 많이 해주셨는데 안 가길 잘했다고 생각합니다.

학교 측에는 교장 선생님께 직접 허가를 받았습니다. 교장 선생님은 워낙 관대한 분이신지라 잘 다녀오라고 배웅까지 해주셨습니다.

잡스의 영향을 받은 강연 스타일

어린 시절부터 떠들기 좋아하는 성격이기는 했지만 다른 사람 앞에서 말하거나 유스트림에서 혼자 주절주절 떠드는 수준이 되기까지는 단계가 있었습니다.

시작은 중학교 3학년 때입니다. 2010년 8월에 〈Security.GS Fes in TOKYO〉에 출연했거든요.

이 행사는 IT 분야에서 두각을 나타내는 학생들이 모여 논하는 행사로 말하는 쪽은 고등학생이고 듣는 쪽은 대학생이었습니다. 중학생은 저 하나뿐이었고요. 논의 주제는 별것 아니었지만 제 말을 들은 사람들이 "오오!" 하며 감탄하는 모습을 보고 나도 사람들 앞에서 말할 수 있구나 깨달았습니다. 말하는 데 자신이 붙었지요.

당시의 저는 잡스에게 큰 영향을 받고 있었습니다. 지금이야 저만의 화법과 구성 방식이 있지만, 그때는 완전히 잡스 판박이였어요. 강연할 때 상영한 슬라이드도 지금 보면 다 잡스의 모조품 같습니다. 말하는 방식도 잡스고, 트위터에 쓰는 글도 잡스 같았어요.

도쿄에서 어른들을 초대해 오프라인 모임을 주최하다

〈Security. GS Fes in TOKYO〉에 갔을 때 저의 제안으로 아이폰 앱 관련 오프라인 모임이 열렸습니다.

하야시 노부유키 씨와 앱뱅크 편집장님을 비롯하여 유명한 앱 개발자며 아이폰 사용자로 이름을 날린 사람들, 트위터에서 교류하던 사람들을 초대했지요.

장소는 롯폰기에 있는 샤브샤브 식당이었어요. SNS 업계에 있는 사람들 사이에서 유명한 가게로 트위터로도 예약이 가능합니다. 저도 트위터로 간단하게 예약을 잡았고요. 저는 이때 처음으로 사회와 관계를 맺었다고 할까, 그동안 전혀 모르던 어른의 세계에 발끝이나마 담근 기분이 들었습니다.

미성년자는 달랑 저 혼자라 저만 우롱차를 마시고 다른 분들은 진저

　　　　　　　　　　　창의력을 만드는 방법

에일을 마셨습니다. 이날 모임에는 나다 고등학교를 졸업하고 구글 본사에서 근무하는 분도 오셨답니다. 모임 다음 날 아침에는 그분 덕택에 막 롯폰기 힐스로 자리를 옮긴 구글 본사를 방문했어요. 와, 이런 곳에서 근무하면 좋겠다고 당시에는 생각했지요.

루스 주일 미국대사에게서 온 초대장

인터넷으로 여러 창업가와 엔지니어, 저널리스트를 만났지만, 가장 놀라운 만남은 존 루스 주일 미국대사와의 만남이었습니다. 루스 대사에게서 초대장이 왔거든요.

〈산케이 신문〉에 조그맣게 실린 제 특집 기사를 보신 모양이더라고요. 이번에 꼭 만나고 싶으니 도쿄에서 열리는 심포지엄에 참석해 달라는 초대장이었습니다. 루스 대사는 기업가 정신 육성에 힘을 기울이는 분이시니까 저에 대해서도 궁금하셨나 봅니다.

초대장을 받고 히토쓰바시 기념 강당에서 열린 '기업가 정신이 일본을 바꾼다'라는 심포지엄에 참석했습니다. 루스 대사의 이야기는 굉장히 유쾌했어요. 기업가는 칭찬받아 마땅하다는 주제로 저를 칭찬해 주셨지요. 그리곤 오늘은 여러분께 소개하고 싶은 사람이 있다고 말씀하시더니 저를 단상으로 불러냈습니다. 화들짝 놀랐습니다. 회장에 모인 천 명가량의 인원이 전부 정장 차림인데 저만 오렌지색 옷을 입고 있어서 혼자 붕 뜬 느낌이었습니다. 단상에 올라간 저에게 루스 대사는 "자네의 활동은 진정 훌륭하네. 꼭 미국에 와주게."라는 말씀을 해주셨습니다. 루스 대사가 스탠퍼드 출신이어서 당시에는 스탠퍼드가 저한테 어울린다는 소리도 적잖이 들었고요.

굉장한 경험이었습니다. 그전까지는 '내가 미디어에 나온다.'며 전 스스로 만족하는 수준이었는데 미디어에 노출되는 경험이 이런 방식으로도 확장하는구나 싶어 놀라웠습니다.

동일본대지진 이후 곧장 발표한 앱 '방사능 계산기'

동일본대지진이 발생하고 후쿠시마 제1원자력 발전소 사고가 일어났습니다. 뉴스를 보고 있으면 한 시간마다 현재 방사능이 몇 밀리시버트*인지 정부 발표로 나왔어요. 무시무시했습니다. 뭐가 뭔지 알 수 없어서 공포스러웠어요. 수치를 봐도 그것이 얼마나 심각한 수준인지 모르니까······.

정부가 아무리 "인체에 즉각적인 영향은 없습니다."라고 말해도 믿어지지 않았어요. 그래서 수치의 의미를 알려주는 앱을 만들기로 결정했습니다.

급박한 상황이라 복잡한 구상을 할 틈이 없었으므로 단순한 형태로 후다닥 만들었어요. 그것이 '방사능 계산기'였습니다. 이 앱을 사용할 사람이 분명 많을 테니깐 완벽을 기하기 위해 사흘간 30개의 단점을 찾는 작업을 진행했고, 완료하자마자 애플에 심사를 신청했습니다. 혹시라도 심사 과정에서 시간을 잡아먹을까 봐 빨리 승인해 달라고 재촉도

★ 밀리시버트(millisievert): 방사능이 인체에 미치는 정도를 나타내는 단위. 기호는 mSv.

하고요.

　저는 미국 본사에서 근무하는 일본 담당자의 전화번호로 직접 전화를 걸었습니다. 일전에 '건강 계산기'의 업데이트 문제로 다툰 적이 있어서 전화번호를 알고 있었거든요. 담당자가 저에게 해당 업데이트는 안 된다고 통보해서 왜 안 되느냐, 그게 말이 되느냐고 메일을 보냈더니 그러면 전화번호를 알려줄 테니, 자기한테 전화를 걸으래요. 그런데 국제전화는 돈이 들잖아요. 그래서 당신이 걸면 받겠다고 말하고 걸려온 전화를 받아서 다퉜습니다.

　상대는 미국에 있지만 어쨌든 일본어가 가능한 일본인. 서로 일본어로 이야기하다가 이따금 영어를 섞어가며 진짜 화를 내고 싸웠어요.(웃음) 그런 일이 있었기 때문에 상대도 저를 기억하고 있었습니다. 제가 상황을 설명하며 얼른 승인해 달라고 압력을 넣었더니 이틀 만에 앱 등록 허가가 떨어졌습니다. 이례적인 속도였습니다. 보통은 심사에 일주일은 걸리니까요. 발표 날짜는 3월 20일이었습니다.

　'방사능 계산기'는 예상대로 반향이 컸습니다. 수요는 발표하고 한 달 정도만 이어졌지만요. 그렇게 4월을 넘겼을 무렵에야 최악의 사태는 피했다는 느낌이 들었습니다. 간 나오토 전 총리가 요즘 말하는 것처럼 도쿄가 망할지도 모른다는 위기감은 사고가 발생하고 첫 일주일간이 정점이었습니다. 일주일 뒤부터는 위기감이 서서히 가라앉았고 앱 다운로드 수도 하락했지요.

　사람에게 웃음을, 사람에게 행복을. 이것이 제 목표인데, '방사능 계산기'는 저에게 웃음뿐 아니라 안심도 줄 수 있는 작품을 만들어야겠다는 마음을 일깨워 주었습니다.

누군가 무엇을 위해 '방사능 계산기'를 제작했느냐고 묻는다면 그저 모두가 침착하기를 바랐다고 대답하겠습니다. 앱을 만드는 동안 저도 계속 수치를 확인하면서 '도쿄에 있어도 아무 문제없다, 괜찮다'고 스스로를 다독였습니다. 앱 제작의 방향이 자기만족을 넘어 다른 사람을 위하는 쪽으로 전환된 시기도 이즈음부터입니다. '방사능 계산기'와 '건강 계산기'의 가장 큰 차이는 바로 그 지점입니다. 얼굴조차 본 적 없는 누군가를 위해 앱을 만들어야겠다고 느끼고 만든 최초의 경험이었습니다.

사이트 < pray for Japan from Japan >

대지진으로 재앙을 입은 사람들에게 위로를 전하고 싶다. 그런 마음으로 이재민분들께 응원의 메시지를 보내는 사이트를 만들었습니다. 〈

일본이 일본에게 보내는 기도Pray for Japan from Japan〉라는 사이트입니다.

지진이 일어나자마자 트위터에서 'Pray for Japan'이라는 해시태그를 검색했더니 외국인들이 보내온 메시지가 잔뜩 나와서 가슴이 울컥했습니다.

일본인들도 무언가 해야 한다는 생각으로 사이트를 만들었습니다.

제가 구상한 사이트는 메시지를 한꺼번에 올린 다음 보는 사람이 버튼을 클릭하면 랜덤으로 하나의 메시지가 표시되는 방식이었습니다.

그런데 경쟁 사이트가 있는데 그 사이트는 나날이 발전하더라고요. 저는 그러지 못했어요. 발전은 커녕방치해 버렸습니다. 아무런 공지도 없이 사이트를 내버려두어서 이후 연이어 등장한 타 사이트들에게 완전히 밀려났어요. 충격을 받았습니다. 대처도 못 하고 멍하니 보고만 있었습니다.

그때는 트위터나 페이스북 같은 SNS의 힘을 이용하자는 생각을 못했어요. 그저 웹사이트만 만들었습니다. SNS에 올라오는 글을 사이트와 연동하는 방식을 미처 고려하지 못했지요. 다른 사이트들은 트위터에 해시태그를 넣어 메시지를 게시하면 자동으로 웹사이트에 반영되게 하거나, 마음에 드는 메시지를 트위터로 퍼가도록 하는 등 다양한 기능을 추가하며 발전했습니다. 제가 완전히 졌습니다. 처음부터 좀 더 세련되게 만들었더라면 좋았을 텐데. 약간 후회스럽습니다.

누적 조회 수가 31만에 달한 유스트림 방송

2012년에도 유스트림에서 〈올 나이트 니혼〉 방송을 이어나갔습니다. 그러던 어느 날, 경악할 만한 일이 벌어졌습니다. 세상에, 누적 조회 수가 31만에 도달했더라고요! 이건 유스트림에서도 흔치 않은 기록이래요. 우타다 히카루가 활동 중지를 선언하기 이전의 라이브 영상 다음으로 높은 조회 수라고 합니다. (웃음)

다만, 아쉽게도 무슨 이유인지 데이터가 망가지는 바람에 지금은 그

기록이 없지만요. 하필이면 그날 시청자 기록이 백지화되어서 현재는 우리 방송 누적 시청자 수가 30만이라고 나옵니다. 하지만 실제로는 이것까지 합해서 61만 명입니다.

요즘은 제가 심야 방송에 몰입하면서 방송 형식이 더욱 라디오스러워졌습니다. 단순히 해설만 하는 게 아니라 신제품 발표회 시작 전에 토크며 코미디를 끼워 넣거나 사연을 모집해 소개했더니 평이 좋아서요.

저는 텔레비전보다 라디오가 몇백 배 더 좋아요. 아날로그 세대 입장에서는 유스트림 방송이 라디오로 이어지는 것이 어색해 보일지 모르겠지만, 저는 정말 유스트림의 연장 선상에서 라디오가 얼마나 좋은지 깨달았습니다. 텔레비전 방송의 정규 채널은 내키지 않지만 라디오 방송 채널은 가지고 싶어요.

창의력을 만드는 방법

애플의 신제품 발표회는 대개 일본 시간으로 심야 2시부터 시작합니다. 따라서 제 방송도 처음에는 2시부터 시작했지요. 그것을 도중에 1시로 앞당겼고, 지금은 더욱 앞당겨 자정부터 방송하고 있습니다. 1시부터 하는 방송에도 제법 사람이 모여서 시청자 수가 만 단위랍니다.

테후닉 앱 즐기기

아무래도 직접 앱을 만들다 보니 다른 앱들이 무엇을 어떻게 다루는지 신경을 씁니다. 호평을 받는 앱은 전부 내려받아서 사용해 보려고 노력해요.

구미가 당기는 해당 앱이 있으면 앱의 구조를 생각하거나 앱을 만든 사람이 어떤 사고 과정을 거쳐 여기에 이르렀을지 분석합니다.

일반 사용자는 앱의 표면을 보지만 저는 그 이면에 있는 앱 개발자의 외모며 성격, 사고방식까지 살펴봅니다. 좀 특이해 보이려나요? 저는 만든 사람을 상상하면서 앱을 사용하는 것 또한 앱을 즐기는 한 가지 방식이라고 생각합니다.

사정이 이러하다 보니 "테후 씨가 앱을 즐기는 방법과 추천 앱을 가르쳐 주세요."라는 질문을 받으면 대답하기가 난감해요. 제가 앱을 즐기는 방법과 앱 취향이 보편적이지는 않은 것 같아서요.

이를테면 '군마의 야망'이라는 앱이 있습니다. 요즘 인기 있는 '나메코 재배 키트' 같은 심심풀이용 게임 앱인데 발상이 재미있습니다.

이 게임은 군마 현이 세계를 정복한다는 설정 아래, 군마 현 특산물인 채소를 수확해서 얻는 포인트로 주변 현을 제압해 나갑니다. 채소는 시간이 지나면 저절로 자라기 때문에 단지 시간을 들이는 게 전부인 게임인데 제법 인기가 있습니다. 군마 현 지사가 군마 현 마케팅 전략에서 1위를 차지할 정도로요.

어쩐지 군마 현은 좀 놀림을 당하잖아요. 특히 인터넷상에서. '군마의 야망'을 제작한 사람도 군마 현 출신인데, 인터넷에다 "군마에 다녀오겠습니다!" 써놓고는 "지금 군마입니다!"라면서 남아프리카의 영상을 첨부한다든가 "지금은 군마 현청입니다!"라면서 석기시대 움집 사진을 올리더라고요.(웃음) 저는 '와, 이 사람 해도 너무한다.'라고 생각하면서 보고 있지요.

자학이기는 해도 유쾌하잖아요. 저는 원래 자학 개그를 좋아해서 다른 사람이 개그를 듣고 기뻐해 준다면 별문제 없다고 보거든요. '군마의 야망'을 보면서도 '자학'이라는 코드를 가지고 사람의 마음을 이 정

창의력을 만드는 방법

도로까지 움직일 수 있다는 데 감동했습니다.

이 앱이 감동을 주는 이유는, 개발자의 마음속에 공존하는 '자신이 군마 현민이라는 다소의 부끄러움'과 그것을 '되받아쳐 주겠다는 의지'가 앱에 묻어나기 때문이겠지요.

'군마의 야망'이 나온 이후 전국적으로 지방의 자학 마케팅이 유행하고 있습니다. 가가와 현의 '우동 현'도 원래는 가가와 현에는 우동밖에 없다는 자학이고, 히로시마 현의 '아쉽다! 히로시마 현'이나 시마네 현의 '일본에서 47번째로 유명한 현' 역시 마찬가지입니다.

유행하는 자학 마케팅을 보고 있으면 앱을 볼 때처럼 캠페인 이면에 있는 제작자의 기분이 느껴져서 재미있습니다.

사람의 마음이 느껴지는 앱을 사용하면 제 마음도 흐뭇해집니다. 이 앱이 자기만족용인지 아니면 많은 사람을 위해 만든 작품인지는 척 보면 압니다.

저는 앱을 다운로드할 때 먼저 앱의 설명만 보고 이것이 어떤 앱일까 상상합니다. '나라면 어떤 느낌으로 만들 것인가?' 상상한 다음에야 앱을 다운로드하지요. 그리고 실제 앱과 제 상상을 비교하면서 이 앱의 개발자와 저의 사고회로가 어떻게 다른지 알아냅니다. 이 사람은 어떤 성격의 사람일지 머릿속으로 그려도 보고요. 앱에는 저마다 만든 사람의 이야기가 담겨 있어요. 무한한 세계가 잠들어 있습니다.

이런 면에서 기업의 공식 앱은 시시해요. 포맷이 정해져 있어서 그럴까요? 겉모습이 멋지기는 하지만 아무런 인간미가 느껴지지 않습니다. 제작자의 표정이 보이지 않아요.

트위터에서도 같은 느낌을 받습니다. NHK의 트위터를 보면 엉성한 글을 게시해서 인기를 끌잖아요. 그런 엉성함과 NHK의 딱딱한 본래 이미지가 빚어내는 격차에 매력이 있으니까요.

저도 제작자로서 표면적으로 받아들여지는 데 그치지 않고 이면에 마음이 담긴 앱을 만들고 싶습니다.

CHAPTER

| 대 담 |

21세기의 생존 수단 :
왜 영어가 필요한가?

입니 영어는 의미가 없다?

테후　무라카미 선생님께서 쓰신 책을 읽으면 동감하는 부분이 많아 생각이 비슷하다고 느낍니다. 예를 들면《무라카미식 심플 영어 공부법 － 쓸 수 있는 영어를 제대로 익힌다》와 같은 책은 일반 학교에서 하는 영어 교육과 전혀 다르지만 매우 효과적인 방법이라고 생각하면서 읽었습니다.

《무라카미식 심플 영어 공부법》은 이 공부법으로 공부하면 장차 사회에 나가든 미국을 가든 웬만큼 영어를 쓸 수 있게 된다는 내용을 담은 책입니다. 실제로 쓸모 있는 영어는 몸에 밴다는 논리이지요. 하지만 저희 세대 중고등학생이 무라카미 선생님 방식으로 영어를 공부하고, 학교 선생님 말씀을 듣지 않으면 입시에 떨어집니다. 이것이 문제입니다.

무라카미　실제 영어는 아무래도 입시 영어하고는 다르지요. 그래서 말인데 게이오 대학 SFC의 영어 시험은 좀 다른 모양입니다. 우리 아들이 순식간에 풀었다고 하니까. 난이도를 물었더니 귀국 자녀인 자기한테는 중학교 입시로 본 일본어 시험 정도였다고 하더군요. 내가 "그래서야 통과해도 반칙 아니냐." 했더니, "불공정하지요."라고 대답하더라고요.(웃음)

요지는 SFC의 입시 영어가 그만큼 실질적인 내용이었다는 것입니다. 아들 녀석은 영문법에 나오는 대명사니 동명사니 하는 개념은 전혀 모릅니다. 이 영어 문장이 틀렸는지 아닌지 어떻게 판단하느냐고 물으면, "이렇게 말하지 않아요." 영어권 사람들은 이런 식으로 말하지 않는다는 겁니다. 이렇게 일본 학교에서 영어를 배운 아이들과는 전혀 다른 방식으로 문제를 풀어도 합격점이 나오니까, SFC의 입시 영어는 다른 대학교의 입시와 다릅니다.

테후 이해합니다. 저는 중국어가 거의 원어민 수준인데, 수능 중국어 문제를 구해서 풀어보면 실제로는 쓰지 않는 이상한 표현이 엄청 나오거든요.

무라카미 아, 그래. 테후 군은 중국어를 할 줄 알지.

테후 그렇습니다.

무라카미 선택지가 또 넓어지는군. 현대 국제사회에서 중국의 존재는 그야말로 거대하니까.

다만, 테후 군은 예외적인 경우라네. 보통 사람이 이제 와 중국어를 배우기는 무리예요. 두 마리 토끼를 쫓는 자는 한 마리 토끼도 못 잡는 법. 뒤늦게 시작하는 중국어는 그만두고 하던 대로 영어를 하는 편이 낫습니다.

테후 정말 그래요. 영어가 안 되는 사람은 중국어를 해도 잘하기 어렵지요.

무라카미 그럼 다시 말하지만 갑자기 중국어를 공부해 봤자 득보다 실이 더 큽니다. 상하이에 사는 고등학생이 보통 일본인보다 영어를 더 잘하니까, 그냥 영어에 기대는 편이 낫지.

그나저나 테후 군은 좋겠구먼. 원래도 부러웠지만 방금 중국어 얘기를 들으니 더 부러워지는군. 자네는 뭐든 할 수 있겠어.

테후 저도 가정환경에는 감사하고 있습니다.

무라카미 나다에는 외국 대학교에 가려는 사람은 없나요?

테후 있습니다. 해외 입시를 지지하는 선생님이 한 분 계셔서, 그분이 희망자와 상담을 합니다.

무라카미 상담을 하고 있군요. 실적은 어떻지요?

테후 그 선생님은 2004년에 한 명을 하버드에 보냈습니다. 그래서 그분께 부탁하면 어떻게는 된다, 이런 분위기예요.

무라카미 아아, 실적이 이미 나왔군.

테후 2009년과 2010년에 한 명씩, 두 명이 하버드에 합격했습니다. 올해도 하버드와 옥스퍼드를 동시에 합격한 사람이 나왔고요.

무라카미 이야, 아자부는 올해 처음으로 한 명이 하버드에 들어갔는데 나다는 대단하구먼.

테후 그런가요? 나다는 올해 하버드, 하버드, 예일 이렇게 들어갔습니다. 예일 대학교에 들어간 학생은 하버드에도 합격했는데 하버드를 걷어차고 예일로 갔어요. 3명 모두 귀국 자녀이거나 장기 유학 경험이 있는 사람이었습니다.

무라카미 아자부의 합격생도 귀국 자녀인 걸로 압니다. 아무래도 영어가 필요하니 그렇겠지요.

올해 오이타 현립 고등학교에서 하버드에 들어간 학생이 있다고 합니다. 스미레라는 여학생인데, 영어 어휘를 물었더니 1만 5,000단어를 답했다는군요. 내가 다 말문이 막히더군요(웃음) 1만 5,000단어면 일본에서는 영어만으로도 먹고살 수 있습니다. 스미레 양 어머니가 영어 선생님이라는 특수한 환경을 감안하더라도 SAT*에 나오는 단어가 2만 단어 정도이니 어휘 테스트가 만만치는 않았을 겁니다.

이 어려운 SAT도 한 해에 몇 명은 만점자가 나온다지요? 세계의 수재 수준은 예상을 초월하네요. 물론 만점이 아니어도 합격하는 학생은 있습니다. 미국에서는 수험생을 평가할 때 절댓값이 아니라 미분값으로 평가합니다. 절댓값이 그렁저렁해도 미분값의 기울기를 봤을 때 상승세라면 이 아이는 앞으로 성장할 테니 합격! 이런 식이죠. 그래서 필기 시험이 없습니다. 고등학교 내신하고 수험생의 학습 과정 혹은 논문을 보고 판단합니다.

여기에 특기전형 비슷한 평가 기준도 있으니까 무언가 다룰 줄 아는

★ SAT(Scholastic Assessment Test) : 미국의 대학교 입학시험으로 비영리 시험 전문회사가 실시한다. 별도의 단체가 운영하는 ACT(The American College Testing Program)도 있다.

창의력을 만드는 방법

쪽이 유리합니다. 스미레 학생은 바이올린이 특기더군요. 우리 아들은 피아노가 특기였습니다. 특기는 꼭 악기가 아니어도 상관없어요. 라크로스* 팀에서 주장을 한 경험도 되고, 분야는 무엇이든 좋아요. 테후 군이라면 앱 제작만으로 충분하지요.

테후 여하간 영어가 최우선이네요. 제가 이상하게 여기는 부분은 어째서 일본의 영어 교육으로는 영어가 몸에 배지 않느냐는 점입니다.

저는 초등학교 5학년 때까지 중국인 학교에 다녔습니다. 그곳도 일본 중학교처럼 영어를 주 6회 배웁니다. 중국어는 주 7회고, 일본어는 주 2회뿐이었어요. 그렇게 6년간 중국어를 공부했더니 당장 중국 대학교에 지원해도 무난히 들어가 공부하고 졸업할 수 있을 만큼 중국어가 몸에 뱄습니다. 물론 저야 가정환경의 영향도 있기는 하지만요.

그런데 중학교에 들어가고, 일본 학교에서 6년간 영어를 주 4회 혹은 주 5회씩 배워도 능숙해지지가 않아요. 이것에 대해 일본인은 별로 이상하게 여기지 않는 모양이지만, 제가 보기에는 무척 이상합니다. 배우는 내용도 실생활과 거리가 멀어요. 왜인지는 몰라도 모두가 'I am a……' 어쩌고 하는 영어를 공부합니다.

★ 라크로스(lacrosse) : 그물이 있는 스틱을 이용해 상대편 골에 공을 넣는 경기로 농구, 축구, 하키가 복합된 형태이다

너희들은 영어를 배우기엔 늦었다

무라카미 그렇게 말일세. 어처구니없게 여자아이까지 "I am a boy." 라고 합창을 하지. 남자아이라고 해도 과연 실생활에서 "I am a boy." 라고 말할 일이 있을까? 내가 중학교에 다니던 시절의 교과서라면 "This is a pen." 같은 문장이 있는데, 아니 그거야 펜을 보면 당연히 펜인 줄 알겠지. 사람을 바보 취급하는 영어를 가르치고 있어요.

테후 근본적인 교육 방식이 다른 것 같아요. 교육의 방향 자체가 미국에서 일하거나 활약하는 경우를 고려하지 않는달까요. 그렇다고는 해도 제가 받은 중국어 교육과 구체적으로 무엇이 다른지는 또 잘 모르겠거든요. '혹시 공부하는 시기의 차이가 큰가?' 하는 생각도 해봤습니다.

무라카미 영어를 어떻게 가르치는가. 영어의 교육 체계를 근본부터 재검토해야 할 필요가 있습니다.

우리 세대가 배운 교과서는 《Kairyudo's Revised Jack and Betty》라는 책인데 지금 보면 헛웃음이 나옵니다. 영어 문장을 해석할 때 관계대명사가 있으면 반드시 뒤에서부터 앞으로 해석하라고 가르쳤어요. '무엇을 하는 부분의 무엇은'으로 번역하라고. 한문 읽는 방식과 동일하지요.

일본식 영어 교육은 결국 서양의 서적을 일본어로 번역해서 사용하는 기술을 가르치는 체계입니다. 영어 회화는 티끌만큼도 고려하지 않아요. 입으로는 늘 이런 방식을 바꿔야만 한다고 말하면서 실제로는 전혀 손대지 않습니다.

테후 제가 예전에 영어를 배웠던 한 선생님은 너희는 이미 늦었다고 말씀하셨습니다. 특히 중학교에 들어가서부터 영어를 시작한 사람은 너무 늦었다고.

나다 고등학교의 기무라 선생님은 훈련을 쭉 지속해야만 영어가 습득된다며 매일 듣기 훈련을 시킵니다. 매일매일 영어를 듣고, 휴일에도 집에서 영어 CD를 들어야 한대요. 안 그러면 바로 뒤처진다고 겁을 주세요. 좌우간 모두에게 영어를 들려주어서 어떻게든 도쿄 대학교 입시 듣기평가에 대비하도록 합니다. 도쿄 대학교의 듣기평가는 어렵기로 유명하잖아요. 하지만 일본에는 이런 선생님이 소수파이지요.

무라카미 그 선생도 젊어서 고생깨나 했을 겁니다. 아마 자기가 중학교 들어가서야 겨우 영어 듣기를 접해서, 그때부터 듣고 또 들어도 끝까

지 너무 늦었다는 기분이 따라다녔겠지요. 본인이 겪은 바가 있으니 자기 학생에게는 되도록 듣기 훈련을 시키는 겁니다. 이미 늦기는 했어도 어떻게든 더 잘하게 하려고 해주고 싶어서.

21세기를 살아가려면 영어가 필수

무라카미 단언컨대 테후 군은 당장 나다를 그만둬도 무방합니다. 영어도 잘하니 미국의 기숙학교에 들어가세요.

우리 큰딸은 앤도버에 있는 필립스 아카데미를 갔습니다. 보통은 그냥 '앤도버에 갔다'고 하지요. 거기까지만 말해도 다 통하니까. 필립스 아카데미는 졸업생을 하버드라든가 MIT 같은 소위 아이비리그에 잘 보내기로 유명한 명문 사립 기숙학교입니다. 테후 군도 일본에서 '영어를' 공부하지 말고 한시라도 빨리 미국으로 건너가 '영어로' 공부를 시작하세요. 도쿄 대학교에 입학할지라도 '영어로' 하는 수업은 없습니다. 선생이 영어로 수업을 못 하기 때문입니다.

21세기를 살아가려면 영어가 필수입니다.

최근 들어 나는 고등학생에게 〈혹성 탈출 : 진화의 시작〉이라는 영화를 보라고 권유하고 있습니다. 이 영화에 나오는 '시저'라는 침팬치가 똑똑하지만 영어를 구사하지 못하는 일본인과 매우 흡사하거든요. 시저는 알츠하이머 치료제를 투여받고, 인류보다도 지능지수가 높아집니다. 그러나 구강 구조가 다른 탓에 발성도 대화도 불가능해서 계속 유인원 취급을 받습니다. 똑똑하기만 하고 영어를 구사하지 못하는 일본인의 처지도 이와 다를 바 없습니다. 일본어가 안 통하는 상대에게 일본어로 떠들어봐야 입만 아파요. 상대방이 알아듣지를 못하는 걸.

영어는 이미 세계 공용어입니다. 국제 분쟁이 소통의 부족에서 기인한다고 믿는 사람들이 '에스페란토어'라는 인공언어를 만들어 확장하려는 시도를 하기도 했지만 실패했지요. 결국, 현재로서는 좋든 싫든 영어가 공용어의 역할을 떠맡고 있고요.

일본이 영어 교육을 소홀히 하면서도 지금까지 버틴 이유는 니시 아마네 씨와 같은 메이지 시대 사람들이 심혈을 기울여 번역 문화를 완성하고, 서양의 모든 학문을 세세한 부분까지 모국어로 배울 수 있는 환경을 마련해준 덕분입니다. 일본인은 세계에서도 알아주는 융성한 번역 문화를 이루어낸 국민입니다.

문제는 그 훌륭한 번역 문화가 이제는 안타깝게도 일본을 속박하고 있다는 겁니다. 우리 시대까지는 아직 괜찮아요. 하지만 장차 21세기를 살아갈 테후 군 세대가 모든 것을 모국어로만 배워도 될까요? 아닙니다. 앞으로는 영어로 가르치지 않으면 미래가 없어요.

이 같은 취지에서 나는 영어로 수업하지 않는 대학은 안 된다고 생각합니다. 일본에서 영어로 수업하는 대학은 세 군데밖에 없습니다. 나카지마 미네오 씨가 학장으로 있는 아키타 국제교양대학교, 오이타에 있는 리쓰메이칸 아시아태평양대학교, 내가 참여하고 있는 아이즈 대학교입니다. 솔직히 말해 일본의 대학교는 대부분 국제적 평가를 받지 못하는 실정이니 세계 수준에 맞춰 나가려면 미국의 대학교로 갈 수밖에 없습니다.

다만, 그러면 수업료가 엄청나게 비쌉니다. 미국에도 장학금 제도가 있으니 장학금을 받는다면야 좋겠지만 미국 국적이 없으면 아무래도 받기가 힘듭니다. 그래서 인도에 연고가 있는 다무라 고타로* 씨가 인도대학교의 수업료를 알아봤습니다. 알아보더니 인도는 수업료가 싸다고 그래요. 근데 인도에서 배우면 인도식 영어가 되지 않겠냐고 내가 대꾸하니까 어차피 일본식 영어보다 인도식 영어가 더 잘 통한다고.(웃음) 그 대답에는 동의할 수밖에 없더군요.

영어 공용화의 빛과 어둠

테후 말씀을 듣고 나니 앞으로 살아가는 데 일본어가 걸림돌이 될지도 모르겠다는 느낌이 듭니다.

영어 알파벳은 26개가 전부여서 익히기 쉬워요. 일본어처럼 한자를 외우려고 10권이고 20권이고 반복 학습을 할 필요가 없지요. 알파벳만 알면 곧장 키보드로 칠 수 있습니다. 그렇다고 일본어는 관두고 영어를 배우자고 할 수도 없는 노릇이니…….

무라카미 고민스럽지요. 중학교 입시 일본어는 사자성어를 익히고 이로하가루타*에 적힌 내용을 암기하여 주요 속담을 전부 외웁니다. 그중에는 오월동주처럼 중국에서 온 고사성어도 있어서 한문을 경유해 의미를 배우고요. 그런 부분은 일본어의 강점인데, 무턱대고 버리라고

★ 다무라 고타로(田村耕太郎,1963~) : 전 참의원 의원(민주당). 와세다 대학교 상학부(商学部) 졸업. 게이오기주쿠 대학교 대학원 석사과정 수료. 예일 대학교 대학원에서 경제학 석사, 듀크 대학교 법률대학원에서 법학 석사 학위 취득.

창의력을 만드는 방법

말하기는 어렵습니다.

일본의 근대 문학을 비롯하여 《겐지 이야기》, 《호조키》, 《마쿠라노소시》, 《헤이케 이야기》와 같은 중세 문학, 와카며 하이쿠 역시 위대한 유산이니까요. 내가 영어 원어민이 아니라서 윌리엄 워즈워스의 시를 읽고도 위대함을 못 느끼는지도 모르겠지만.

"오랜 연못에 개구리 뛰어드는 물방울 소리"라든가 "오월 장맛비 빗방울 모여 흐르네 모가미가와 강"처럼 5·7·5조만으로 정경이 선명하게 떠오르는 일본 전통 시가의 아름다움은 또 어떻습니까. 이런 고유성을 버리라고, 잊는 게 낫다고 말해야 할까요? 생각하면 생각할수록 초중등교육을 어떻게 해야 옳은지 더욱 고민하게 됩니다. 그럼에도 불구하고 앞으로는 영어를 못하면 살아남지 못한다는 것은 명백한 현실입니다.

기업 또한 국제사회로 진출하려면 최소한 이사회 정도는 영어로 의사소통해야 합니다. 라쿠텐과 유니클로가 영어를 사내 공용어로 채택한 것은 올바른 판단입니다. 마케팅을 국제적인 수준에서 진행하는 기업에 영어를 못하는 사람은 쓸모가 없지요. 이웃 나라인 한국을 보면 LG와 삼성이 이런 흐름으로 가고 있습니다. 한국에는 3대 재벌 기업이 있는데 그중 두 재벌 기업이 영어로 사업을 하고 있다면, 이것은 한국인들이 이미 자식을 영어로 키우고 있다는 뜻이겠지요.

테후 저도 영어 공용화에는 대찬성입니다.

★ 이로하가루타(いろはガルタ) : 전통 시가나 속담이 적힌 48장의 카드에 대응하는 48장의 그림카드를 짝짓는 일본의 전통놀이.

그런데 급속한 국제화가 진행 중인 인터넷상에서조차 영어 공용화를 부정적으로 바라보는 시각이 우세합니다. 일본에서 일하고 있으니 일본어로 하는 편이 효율적이라는 것이죠. 그 의견은 물론 현장에서는 일리가 있겠으나 저로서는 당장의 현실에 대한 대응 이상으로 영어를 사용하는 일 자체에 큰 의미가 있다고 생각합니다.

어차피 미래에는 미국이나 다른 해외 국가로 가야만 하는 시기가 올 테니까요. 미래를 대비하기 위해서도 지금부터 영어로 생활하는 편이 낫습니다. 어느 날 갑자기 미국에 가라는 말을 듣더라도 적절히 대처할 수 있도록. 따라서 기업은 당연히 영어를 공용화해야 하고, 그런다고 손해를 보는 사람을 없으리라고 봅니다. 일본에서만 생활하는 사람들에게는 반발을 살지도 모르겠지만요.

무라카미 카를로스 곤 씨가 닛산자동차를 경영하기 시작한 이래, 닛산의 직원들은 싫든 좋든 영어로 대화를 나눠야 하는 상황에 처했습니다. 닛산에서 살아남으려면 영어를 하는 수밖에 없다면서 전 직원이 필사적으로 노력했지요. 카를로스 곤에게 직접 말하고 싶은 이야기가 있어도 영어를 못하면 말할 수 없으니까요. 일부러 통역을 달고 다니기도 곤란한 노릇이고.

오늘날은 이 같은 일이 언제 어디에서 일어나도 이상하지 않은 시대입니다.

테후 동감합니다. 화두를 영어 교육으로 되돌리겠습니다. 영어 교육 변화의 구체적인 방안을 모색하자면 역시 초등학생의 영어 수업을 늘려야겠지요?

창의력을 만드는 방법

무라카미 초등학생은 국어, 영어, 산수. 이 3과목만 배워도 충분해요. 다른 과목은 할 여유가 없습니다. 수업을 영어로 하지 않는 한 과학과 사회까지 할 시간이 없습니다. 음악도 체육도 무리입니다.

유토리교육을 하더라도 과학과 사회 수업을 줄였으면 합니다. 이런 의견에 반발하며 과학과 사회도 제대로 해야 한다는 사람들이 있는데 독서 시간에 과학책과 사회책을 읽히면 좋을 것입니다.

일본어는 현행 중학교 입시처럼 철저한 주입식으로, 사자성어와 속담을 몽땅 암기하는 정도면 충분할 겁니다. 그리고 남는 시간에는 영어로 책을 읽혀야 합니다. 최소한 이만큼은 하지 않으면 장차 일본을 이끌어갈 청년들에게 미래는 없습니다.

테후 중국인 학교에서는 일본 초등학교에서 하는 교과서적인 과학, 사회 교육은 거의 하지 않는다고 봐도 무방합니다. 과학하고 사회는 중학교 올라가서 공부해도 늦지 않아요.

무라카미 바로 그겁니다. 체계 잡힌 학문은 중학교 때부터 시작해야 옳지요.

테후 초등학교에서 가르치는 과학이란 게 식물을 관찰해 보자면서 몇 시간씩 수업을 계속하는 수준이니까요.

무라카미 민들레의 꽃받침이 몇 장이고, 꽃잎이 몇 장인가. 이런 건 아무래도 상관없어요.

테후 도대체 그런 정보를 왜 외우게 하는지 잘 모르겠어요.

무라카미 과학 체계로 말하자면 모름지기 수학부터 알아야 합니다. 수학을 모르면 물리를 모르고, 물리를 모르면 화학을 모르고, 화학을 모르면 생물학을 모릅니다. 전부 이어져 있어요.

테후 모든 과학의 기본은 수학이니 초등학교 때는 철저하게 산수를 하는 편이 낫다는 말씀이시군요. 저도 대찬성입니다.

일본인은 모르는 발음

무라카미 테후 군이 아까 이런 문제를 제기했지요. 일본인은 중고등학교 6년간 영어를 배우는데 왜 말할 줄 모르는가. 이 문제에 대한 내 가설을 이렇습니다.

다소 억측 같기도 하지만, 내 생각에는 일본어의 단순한 발음이 일본인의 귀를 둔하게 만든다고 봅니다. 일본어는 '아이우에오'라는 모음이 명확하고, 자음과 모음을 짝지어 또렷한 음을 내는 체계이지 않습니까.

테후 발음도 소리도 무척 단정하지요.

무라카미 중국어는 음이 복잡합니다. 나도 한때 중국어를 공부해 보려고 했던 적이 있어서 알지요. 사흘 만에 포기했지만.(웃음) 여하튼 중국어가 모국어이고, 이런 복잡한 음을 똑바로 알아들을 수 있다면 영어음도 알아듣기 쉽겠다 싶었습니다.

테후 확실히 그래요. 초등학교 1학년 때 중국어 병음*표를 보면서 끊

★ 병음(拼音) : 중국어 음절을 음소문자로 나누어 라틴문자로 표기한 발음 체계. 현대 표준 중국어의 발음표기법으로서 널리 사용된다.

창의력을 만드는 방법

임없이 발음 연습을 하거든요. 아주 오랫동안 반복 또 반복. 일본어에 없는 발음이 많다 보니 발음할 수 있게 되려면 고생깨나 해야 합니다. 저는 그렇게 중국어를 귀로 익히면서 일본인에게는 구분이 어려운 발음의 차이를 알아챈 것 같아요.

무라카미 귀를 단련하는 거로군요. 완벽하게 일치하지는 않겠으나 영어에도 중국어와 비슷한 발음이 있죠. 예를 들면 이중자음 같은. 중국어를 공부한 덕에 이런 어려운 발음을 알아듣게 되었군요.

테후 제가 리스닝은 강하다고 생각합니다. 리스닝이 강하면 스피킹도 레벨이 전혀 다르지요.

무라카미 일본인은 토플 점수가 낮은 편인데 이건 순 리스닝 능력이 부족한 탓입니다. 아무래도 일본어가 모국어이면 리스닝 능력을 기르기 힘든 모양입니다.

테후 리스닝 파트에서는 일본인이 점수 따기가 정말 힘드니까요. 토플 리스닝 30점 만점에서 절반만 따도 만세라는 이야기도 있더라고요.

무라카미 들리지가 않으니 별수 있나. 영어는 근력 운동과 같습니다. 내가 31세 때 영어를 시작해서 '그저 듣고 또 들어라, 빠르게 말하는 것을 들어라.'라고 강조하는 이유도 그 때문입니다.

아, 중국인 학교에서는 영어 수업을 어떻게 하지요? 파닉스*는 안 하나요?

★ 파닉스(phonics) : 영어의 올바른 읽기 방식을 가르치는 학습법. 글자와 발음 사이의 규칙성을 체계화했다. 영어권에서는 아이에게 읽는 법을 가르치는 데 쓰인다.

테후 합니다. 적어도 일본 학교처럼 독음을 다는 일은 절대 없어요. 처음 봤을 때는 황당하더라고요. 'this'의 뒤에 가타가나로 '디스'라고 적혀 있어서. 이러니 발음이 별로일 수밖에요. 왜 바로 파닉스를 공부하지 않나요? 하면 조금이나마 좋아질 텐데.

무라카미 파닉스는 영어로 말을 할 줄 아는 원어민을 위한 읽기 체계입니다.

원어민이 아니면 '단어 끝에서 묵음 처리되는 e의 바로 앞에 오는 모음은 알파벳 읽기를 한다'와 같은 규칙을 초등학생에게 설명할 길이 없어요. 알려줘도 이해를 못 할 테니 말입니다. 어떡해야 할까요? 3세부터 6세까지 3년 동안 이미 일본어 소리에 익숙해진 아이들이 영어 발음을 알아듣게 하는 최초의 수단은 무엇일까? 지금까지도 고민하고 있습니다. 테후 군은 주변에서 물어보지 않나요? "어떻게 그렇게 영어를 잘해? 나도 가르쳐 줘."라고.

테후 물어봐요. 물어보는데 대답할 수가 없어요. "저는 옛날부터 공부해서 그렇습니다."라는 대답이 고작입니다. 제가 영어 공부를 어떻게 했는지 정확하게 대답하려면 타임머신을 타고 과거로 돌아가서 살펴보는 수밖에 없어요.

다독하는 기술을 가르치지 않는 일본 교육

무라카미 듣기에 취약한 일본인들 입장에서는 테후 군처럼 일본에

　　　　　　　　　　　　창의력을 만드는 방법

서 자란 고등학생이 애플 신제품 발표회를 동시 통역한다는 사실이 비정상적으로 신기하겠지요. 이 고등학생은 어떻게 이런 일이 가능할까, 하고.

테후 그 부분 역시 대답하기 어렵습니다. 중학교 3학년 때 처음으로 방송을 했는데 "이 녀석이 중3이라고? 설마, 말도 안 돼!"라는 반응이 있었습니다. 그것을 보고서야 '아, 그렇게 보이는구나' 하고 알았지요. 저로서는 그냥 할 수 있으니까 시작했을 따름일 뿐이거든요.

무라카미 들을수록 놀랍군요. 대단합니다.

테후 이곳이 일본이니까 그렇게 보이는 게 아닐까요? 저도 미국에 가면 밑바닥 수준일 걸요.

무라카미 그 정도가 딱 좋습니다. 어차피 미국에 가서도 공부할 테니까요. 테후 군 수준에서 더 할 수 있는 공부는 영어책을 대량으로 읽는 일뿐입니다. 그러려면 미국 대학교에 가는 것이 최선책입니다. 책을 잔뜩 욱여넣은 가방이 무거워서 자전거 균형이 안 잡히는 생활을 하게 되거든요. 리포트를 내라, 이 책을 읽어 와라, 과제 양이 장난이 아닙니다. 일본어로 수업하는 대학에서는 상상도 못할 경험이지요.

일본의 교육은 다독하는 기술을 가르치지 않습니다. 기본적으로 일본의 학교는 공부하는 법 자체를 가르치지 않죠. 미국에서는 도저히 감당하기 어려운 양의 과제를 낸 다음 어떻게 해서든 리포트로 정리해 오라고 합니다. 그러면 싫어도 더듬더듬 읽거나 요약본을 해독하는 기술을 체득하게 된답니다.

테후 숙제 양이 어마어마하다는 얘기는 저도 자주 들었어요.

무라카미 지독히 많지. 미국의 중학교와 고등학교에는 문고본 필독서가 사람 수만큼 구비되어 있어요. 대대로 이어져 내려와 너덜너덜해진 책들입니다. 종류는 소설이 많은데 페이지가 누락된 책은 폐기하지만 앞표지나 뒤표지가 떨어진 정도는 그대로 둡니다. 그것을 입학할 때 입학생 전원에게 배부하지요. 주말에 읽고 리포트를 써오라면서.

이 말인즉슨 그야말로 닥치는 대로 읽힌다는 뜻입니다. 당연히 낙오하는 아이도 나오죠. 그런 아이들은 서점에 가서 노란 표지에 요약본을 사서 읽은 뒤, 다 읽은 셈 치고 리포트를 내지요. 그래도 보통 한 반의 3분의 1, 잘하면 절반가량은 편법을 쓰지 않고 《위대한 개츠비》를 완독합니다.

이러한 과제가 가능한 이유는 한자가 없기 때문입니다. 알파벳만 알면 웹스터 영어사전을 찾아가며 책을 읽으면 되니까. 그러므로 일본 책에 쓰인 한자 위에 전부 음을 다는 제도는 사실 합리적입니다. 아이들에게 책을 읽히려면 이 제도가 있어야 해요. 아무튼 이와는 별개로 일본 교육은 도무지 책을 읽히지 않습니다. 깔끔하게 정리된 교과서로 요점만 읽히지. 일본인인데도 나쓰메 소세키 책을 한 권도 안 읽은 사람이 태반입니다. 일본 교육은 어째서 책 읽는 인간을 길러내지 않는지 통 모르겠습니다.

테후 저희 학교는 국어 교과서가 너무 좋지 않아서 중요한 책들은 전원이 문고본을 사서 읽도록 합니다. 《사라시나 일기》도 교과서에는 3편 정도만 실려 있거든요. 제5편, 제20편, 제25편 하는 식으로 일부만 수록되어 있어서 그것만 읽어서는 부족하니까 일단 현대문 번역이 붙은 책을 사다가 교실 뒤편에 두고 통독을 했습니다.

무라카미　미국의 기숙학교는 라틴어와 고전 그리스어를 맛보기 수준으로 가르칩니다. 일본으로 치자면 한문 공부가 되겠지요. 플라톤이나 아리스토텔레스 혹은 크리스트교의 초기 신학자들이 저술한 책을 라틴어로 읽게 하는데, 이런 교육은 나중에 가서 효과가 나타날 듯싶습니다.

교육의 기회 균등이라는 측면에서는 학교의 영어 수업을 반드시 증강해야 합니다. 특히 초등학교 시기가 중요해서 반드시 매주 몇 시간 이상 배울 필요가 있어요.

말했다시피 일본어가 모국어인 사람은 듣기가 안 돼서 영어에 좌절합니다. 그러니 무슨 수를 써서라도 초등학교 때 영어 발음에 친숙해지도록 반복 훈련을 시켜야 해요.

아까 내가 끈질기게 중국인 학교는 어떻게 가르치냐고 물어본 이유도 이 때문입니다. 테후 군이 마지막에 병음으로 중국어 발음을 훈련했다고 답했을 때, 나는 내심 무릎을 쳤습니다. 그게 핵심이었어요. 테후 군처럼 영어에 능숙해지려면 그렇게 귀를 단련하는 훈련이 필수입니다.

미국의 교육은 포맷부터

무라카미　앞서 미국의 교육 방식을 언급하면서, 중학교 1학년이던 우리 딸이 에세이 과제를 받았다고 했지요. 그때 타자기나 워드프로세서로 작성하라는 조언을 들었다는 말도 했고. 그것과 이어지는 이야기인데 미국이 일본과 다른 점은 필기를 하느냐, 타자를 치느냐가 전부는 아닙니다.

미국에서는 에세이를 쓰려면 우선 형식부터 갖춰야 합니다. 기본적으로 자신의 주장과 인용한 내용을 반드시 명확하게 구분하고, 인용한 내용은 마지막에 출처를 적습니다. 에세이를 작성하는 도구는 무조건 타자기 아니면 워드프로세서. 그렇다면 에세이의 내용은? 사람을 죽여도 된다는 결론이어도 상관없으니 논리만 갖추면 됩니다.

문화 충격이었습니다. 일본의 초등학교 작문 시간에 모범생이 쓰는 에세이는 이런 식이잖습니까. "정원에 핀 꽃 위로 배추흰나비가 팔랑팔랑 내려앉습니다. 아이, 예뻐." 그러면 "어린이다워서 좋아요, 참 잘했어요."라는 평가를 받지요.

반면 미국에서 말하는 에세이, 즉 소논문이란 형식포맷이 가장 중요합니다. 요컨대 규칙에 따라야 한다는 뜻입니다. 내용은 무엇이든 상관없

　　　　　　　　　　　　　　　창의력을 만드는 방법

으나 논리가 일관되어야 하고, 가급적 독자성 있는 의견을 쓰는 편이 좋습니다.

이것이 평가 기준으로 '사람을 죽여도 된다'는 결론의 에세이를 제출해도 선생은 개의치 않습니다. 독자성이 있으니까. 만약 일본 중학교에서 그렇게 결론 맺은 글을 학교에 제출했다가는 곧바로 상담실로 불려 갈 테지요.

테후 말씀을 들으면서 생각했는데 그런 교육 방식은 나다와 좀 비슷합니다. 나다는 고등학교에 올라가면 여름방학 숙제로 연구논문을 내거든요. 주제는 자유롭게 고릅니다. 저는 작년에는 컴퓨터과학, 올해는 사회학 통계에 관해 썼습니다. 연구논문을 쓸 때는 대학에서 논문을 작성하는 방식을 먼저 가르쳐 주고, 그대로 쓰게 합니다. "인용한 출처를 명기하지 않으면 불합격이다. 대학에 들어가서 논문에 출처를 넣지 않으면 도용이니까 주의하도록."이라고 말을 들었어요. 완성된 논문은 선생님께서 검사합니다.

무라카미 그도 그럴 것이 요즘 일본 대학생은 리포트든 뭐든 예사로 위키피디아를 인용하니까.(웃음)

테후 하지만 일본도 처음에는 미국이나 유럽의 교육 방식을 도입했잖아요. 언제부터 교육 노선이 달라진 걸까요?

무라카미 메이지 시대에 제국대학교를 설립한 방식은 단연 유럽식이었지요. 외국인 교사가 세웠으니까. 그것이 초등교육기관인 심상소학교라든가 대중적인 교육제도를 구축하는 방식인데, 어쩌다 지금처럼 변했는지 모르겠군요.

'대학은 미국으로' 가는 시대의 시작

테후 대략 1년 뒤에는 저도 고등학교 졸업 이후의 진로를 정해야 합니다.

무라카미 얼른 정해야지요. 하버드든 MIT든 SAT* 시험을 치르기 시작해야 할 테니. SAT 시험은 여러 번 봐도 되니까.

테후 저는 도쿄 대학교라는 간판도 별로 원하지 않아서, 지금은 게이오 대학교의 AO입시*를 고려하고 있습니다.

무라카미 다른 곳은?

테후 미국 대학교도 일단 도전해 보고 싶은 마음은 있습니다. 저와 비슷한 입학 사례를 들어본 적이 없어서 걱정스럽지만요. 물론 해보지 않으면 모르는 일이기는 하지만, 미국 소재 대학으로 진학하는 사람은 거의 귀국 자녀이거나 유학 경력이 오래된 사람이니까요.

무라카미 그건 사실이지만 미래를 생각하면 역시 미국 대학교로 가는 편이 낫습니다.

내가 만약 다소 하향세에 접어든 고등학교 교장이라면 "지금껏 도쿄 대학교와 교토 대학교를 목표로 해왔으니 이제는 아이비리그 진학 코스를 만듭시다!"라고 주장하겠습니다. 대부분의 수업을 영어로 진행하

★ SAT (Scholastic Assessment Test) : 미국 소재 대학 입학 시 지원자의 학업능력을 평가하는 시험
★ AO입시 : 입학관리국(Admissions Office)이 주재하는 입학시험. 학과시험이 아니라 공부 이외의
   실적(특기전형)과 면접, 소논문 등을 기준으로 합격을 가린다.

창의력을 만드는 방법

면서 SAT, 토플, 학력검사에 대비하자고.

어느 시점에 이르면 이런 교육 방식이 대두할 겁니다. 최근 1, 2년 사이의 동향을 보며 나는 그런 분위기를 절실히 느끼고 있습니다.

테후 변화의 바람이 불고 있다는 느낌은 저도 확실히 받았습니다.

무라카미 명문대는 못 가더라도 미국에서 둘째가는 학교, 그러니까 이름은 들어본 적 있는 대학교에 가는 학생이 앞으로 점점 늘어나겠지요. 스탠퍼드는 못 가도 남캘리포니아 대학교는 들어간다든가. 이런 일이 있을 법하지 않나요.

테후 조금 덜 알아주는 대학이라도 일본 대학교에 가기보다는…….

무라카미 무조건 좋지. 훨씬 낫습니다.

테후 영어로 수업을 받는 일이 그 정도로 중요한가요?

무라카미 후쿠자와 유키치 선생이 했던 말이 맞아떨어지고 있습니다. 선생은 대학 교육은 영어로 받아야 한다고 주장했지요. 대학 교육을 영어로 따라가려면 고등학교 수업도 영어로 해야 하고, 그러려면 중학교부터는 영어를 배워야 할 테니, 자연히 초등학교에서도 영어를 가르치게 될 것이고, 그렇게 해야 한다고.

잠깐 다른 이야기를 하겠네. 나는 사흘 전에 오사카에서 열린 행사를 참석했어요. 'Startup Weekend'라고 주말 54시간 동안 팀을 짜서 창업에 도전하는 프로그램이지요. 미국이 주최하는 세계적인 행사로 본부에서 톰 네이글이란 사람이 왔는데, 글쎄 이 사람이 영어밖에 못하더군요. 상황이 그러니까 행사에 참가한 젊은 친구들이 더듬거리면서도 영어로 말하려고 노력했습니다. 그래서 무슨 말을 하나 들어 봤더니 다들 자기 아이는 미국에 보내겠대요. 왜냐하면, 자기들이 고생을 해봤으니까. 내 책도 읽었다고 합니다.

그날 강연에서는 외국에 나가면 일본인은 열 살쯤 어리게 보인다는 이야기가 나왔습니다. 따라서 지금 당신이 스물다섯이라면 외국에서는 열다섯이다, 열다섯이라면 당신은 수재라고.(웃음) 그래놓곤 하는 말이 "만약 지금 당신이 열다섯 살로 돌아간다면 무엇을 하겠습니까? 미국에 가겠지요. 설령 지금 취직한 상태여도 퇴직하고 미국에 가세요. 가서 고등학교부터 다시 시작하면 그만입니다."라고 말했어요.

"열 살 어려 보이는 것이 중요한 이유는, 앞으로 글로벌 채용 자리에 나가게 되면 면접관이 나이를 묻지 않기 때문입니다. 혹시라도 나이를 물으면 대충 되는 대로 대답하세요. 나이가 많다고 떨어지지는 않습니다. 만일 떨어졌다면 변호사에게 상담하세요. 나이를 묻더니 떨어뜨렸다고 말하면 연령 차별에 대한 사례비로 1억 엔을 덥석 받아낼 수 있답니다."라고도 했지요.

창의력을 만드는 방법

테후가 털어놓는 영어 공부 비결

무라카미 테후 군이 어떻게 영어를 배웠는지 비결을 궁금해 하는 사람이 많지요?

테후 네, 많이들 물어보세요. 영어를 못 하는 이유에는 사실 여러 차원이 있습니다.

만약 토익에서 600점을 따고 싶다면 철처하게 토익 대비 공부를 하는 편이 좋아요. 입시 전쟁에서 살아남고 싶다면 시험 족보를 공부하는 수밖에 없고요. 족보는 최강이니까요. 수능에서 100점 만점에 80점은 어떻게든 넘기고 싶다, 하는 사람도 동일합니다. 족보를 풀어보세요. 물론 이건 기초 실력이 있다는 전제로 하는 이야기입니다. 이미 웬만한 문장을 읽을 수 있고, 열심히 하면 점수가 나오더라 하는 사람은 공부양을 늘리세요. 영어가 일정 수준에 도달했다면 나머지는 오로지 양의 문제입니다.

유학을 가고 싶다면 무슨 수를 쓰든 영어를 할 줄 알아야겠죠. 제가 이렇게 말하려니 멋쩍지만, 유학을 원하는 분은 미국이든 어디든 일단 가보시길 권합니다. 당장 유학을 떠나라는 뜻이 아니라 일주일이라도 좋으니 가서 현지의 분위기를 느끼고, 생각을 재고해볼 필요가 있다는 뜻입니다.

저도 미국에 갔을 때 이래저래 느낀 바가 많았습니다. 게다가 결국 어학이란 게 외국으로 나가지 않으면 방법이 없잖아요. 일본 학교에서 죽어라 공부해도 막상 외국에 나가면 말이 안 나오기도 하고, 미국에서 직접 생활하며 필요에 따라 1년 만에 실력이 느는 사람도 있으니까요.

그러므로 일단 가보라는 조언도 일리 있는 말이라고 생각합니다. 아직 유학을 가지 않은 제가 말하기는 영 쑥스럽지만요.

다만, 무작정 외국에 가서 영어를 익히는 방식은 제 또래까지가 한계입니다. 사업가가 미국에 가면서 도착한 다음에야 영어를 공부하면 늦습니다. 그런 경우에는 모험하기보단 착실히 공부하는 편이 낫다고 봅니다.

무라카미 추천하는 교재가 있나요?

테후 책은 없어요. 저는 구몬식으로 기초 영어를 공부했지만, 동시통역이 가능할 만큼 실력이 향상된 건 영어 동영상을 본 덕택입니다. 유튜브에서 적당한 영어권 동영상을 찾으면 그게 바로 교재입니다. 텔레비전 방송이건 버라이어티 쇼건 예술 작품이건 뭐든 상관없어요.

개인적으로 추천하는 영상은 잡스의 프레젠테이션처럼 주제가 명확한 영상입니다. 제 영어 실력이 동시 통역을 하면서 남에게 해설할 수 있는 수준에 도달한 건 잡스의 프레젠테이션을 계속 들었기 때문이라고 봅니다.

요즘은 애플의 콘텐츠가 충실하니까요. 아이튠즈 팟캐스트에서 애플이 공식적으로 게시하는 영상을 다운로드하면 자막도 나옵니다. 영어 교재로서 무척 훌륭해요. 발음도 좋고, 모두 설명이 딸려 있거든요. 어른이 된 이후에 영어를 다시 시작하시는 분들은 무라카미 선생님의 공부법이 가장 좋다고 생각합니다.

　　　　　　　　　　　　　　창의력을 만드는 방법

CHAPTER

| 대 담 |

진로 상담 :
추구하는 일이 미국에
있을까?

미국의 대학교는 유연하다

테후 저는 앞으로 무엇을 하면 좋을까요. 잘 모르겠어요. IT 분야에서 주목을 받았고, 흥미가 없지도 않지만 장래에 제가 컴퓨터과학을 전공할 거라는 상상은 가지 않습니다.

무라카미 그럴 수 있지요. 컴퓨터과학은 다소 특수한 과학이니까요. 당최 이것이 이과계인지 문과계인지 모르겠다 싶은 부분도 있고, 자연언어처리와 같은 부문은 언어학 영역이라고도 볼 수 있으니.

더욱이 컴퓨터과학의 주류로 자리매김 중인 인공지능은 거의 인지심리학이지요. 철학과 근접합니다. 뇌가 어떻게 사고하는가에 대한 논의는 기실 철학에 가까워요. 컴퓨터과학은 논의 대상에 따라 범위가 한없이 넓어집니다. 영상 인식 수준에 이르면 이야기가 완전히 별도의 영역으로 넘어가요. 지금 시점에서 상상이 가지 않는 게 당연합니다.

컴퓨터과학의 학문적 체계는 아직 미비합니다. 젊은 학문이지요. 게다가 하드웨어와 소프트웨어가 또 저마다 다른 세계에 속합니다. 현재로서는 소프트웨어 분야에서 새로운 것이 태어나기 쉬워요. 어떤 컴퓨터 언어를 사용해야 새로운 소프트웨어를 만들기 쉬울지를 연구하는 학자까지 있지요. 다만, 그쪽으로 계속 빠져들면 '뭐야, 결국 현실에는 손가락 하나 닿지 못하잖아.'라는 생각이 들기도 합니다.

현 시점에서 미래를 컴퓨터과학에 한정해 고민할 필요는 전혀 없습니다. '내가 어떤 사람인가'는 열여덟 살에 대답할 수 있는 질문이 아니에요. 재차 말하지만 그래서 나는 테후 군이 리버럴 아츠를 배웠으면 해요. 당연히 영어로 배워야 합니다.

테후 컴퓨터과학을 전공하지 않더라도 미국 대학교에 가는 편이 낫다는 말씀이세요?

무라카미 최종 전공은 들어간 다음에 결정해도 무방해요. 내가 테후 군에게 끈질기게 미국을 권하는 이유는 진로 변경이 유연해서이기도 합니다.

미국 대학교는 입학해서 4년 동안은 리버럴 아츠를 공부하니까. 우리 딸이 하버드에 들어갔을 때도 학장이 "당신의 리버럴 아츠를 즐기세요! Enjoy your Liberal Arts!"라는 환영 메시지를 보냈답니다.

미국에서는 사회에 공헌하기 위한 전문성을 기르는 전문 대학원은 리버럴 아츠를 배운 후에 갑니다. 일본 대학교에서 실시하는 교양 과정 하고는 깊이가 다릅니다.

취직 준비 학교가 된 일본의 대학

테후 예전에 〈NHK 스페셜〉에서 국제인 운운하는 특집을 방영한 적이 있습니다. 지금 대학을 다니는 학생들의 시선이 왜 해외로 향하지 않는가를 의논한 편도 있었는데, 대학교 2학년생들이 말하길 "지금부터 유학하면 귀국한 다음에는 3학년이 끝나잖아요. 그러면 취업 준비에 늦습니다."라고 했습니다. 다들 말끝마다 '취준, 취준' 하더라고요. '대학 활동=취업 준비'가 된 것 같았습니다.

무라카미 대학이 마치 취업 준비 학교처럼 되어 버렸지요. 3학년 때 취업 준비를 한다는 말은 도쿄 대학교 고마바 캠퍼스라면 2학년 때 그

창의력을 만드는 방법

것을 끝낸다는 뜻입니다. 이제는 일본의 대학교를 졸업해 봤자 아무런 의미도 없어요. 그것만큼은 자신 있게 말할 수 있습니다.

어떤 대학 어느 학부가 좋고 무슨 전공을 해야 할지, 어떤 직업을 가질지는 걱정하지 말아요. 그걸 아는 존재가 있다면 신뿐일 테니까. 현재로서는 리버럴 아츠를 4년간 영어로 공부하는 쪽이 더 중요합니다.

미국의 엘리트 학교에서는 전문적인 공부를 하려면 당연히 석사 과정에 진학해야 한다고 여깁니다. 그것이 일본과의 결정적 차이입니다.

테후 군도 충분히 알고 있겠지만 일본은 좋은 의미의 사회 통제, 위생 관리, 예절과 같은 부분에서는 장점이 많아요. 그러나 폐쇄성은 어떻게 할 도리가 없습니다. 이것은 우리 어른이 해결해야 할 문제이지요.

미국이라는 나라의 저력은 이민자가 많다는 데서 드러납니다. 자유의 여신상이 "고통 받는 자여, 오라! 여기 자유로운 세계가 있다."라면서 심장에 불을 지핍니다. 이민자들은 모두 그 이념에 끌려갈 뿐이므로 여기에 대항할 만한 이념을 갖추지 못한 국가가 인재를 잃어도 어쩔 수 없습니다.

테후 군도 첫 전공은 컴퓨터과학을 선택해도 괜찮아요. 이미 컴퓨터 관련 실적이 있으니 그것을 살려서 입학하세요. 전략입니다. 들어가고 나서 전과하면 되니까. MIT에 입학했다고 해도 카네기멜론 대학교에서 다른 전공을 하는 편이 낫겠다 싶으면 그리로 옮기세요. 미국 대학교는 옮기기로 마음먹으면 옮길 수 있으니까 꼭 지금 결정할 필요는 없습니다.

무엇 때문인지 일본은 한 번 들어가면 좀처럼 다른 곳으로 옮기지 못합니다. 이탈하면 낙오자 취급을 받아요. 그러니 도쿄 대학교 외길, 그것도 이과3류 외길을 택해 정해진 궤도 위를 달릴 뿐이지요.

열여덟 살은 가능성이 무궁무진한 나이입니다. 그 나이에 벌써 무엇이 자신에게 어울리는 전공이고, 어느 세계로 나가야 인류에게 공헌할 수 있는지는 결코 알 수 없습니다.

보스턴의 호화로운 교육 환경

테후 저는 아이폰 앱을 통해 IT 세계에 입문했습니다. 그때부터 디자인이나 사용자 인터페이스에도 관심이 있었고요. 저희 부모님이 두 분다 음악을 하셨는데 조부모님도 음악이며 건축을 하셨대요. 묘한 집안이지요. 저도 음악과 영상을 무척 좋아합니다. 이런 공부를 하고 싶은 경우에도 미국에 가야만 할까요?

무라카미 첼리스트 요요마도 하버드를 나왔습니다. MIT 건축과는 세계적으로 유명하죠. 보스턴은 거리 자체가 건축의 보고입니다. 초기 미국의 고전적인 건축과 나치스에게 쫓겨난 바우하우스의 양식을 이어받은 근대 건축이 공존하지요. MIT의 교사校舍는 참신한 현대식 건축입니다. 프린스턴 대학교나 캘리포니아 공과대학보다 MIT나 하버드 쪽이 좋다는 소리가 나오는 까닭도 보스턴 거리의 아름다움에 있습니다. 보스턴 미술관에 가봐요. 동서양을 막론한 작품들이 두루 모여 있어서 "어라, 왜 여기에 헤이케 이야기의 에마키*가 있지?" 하고 갸우뚱할 정

★ 에마키 : 설명이 곁든 그림 두루마리.

도입니다.

음악 쪽으로는 보스턴 교향악단이 있고, 뉴잉글랜드 음악원도 있고. 현대 음악도 하버드 음악학과는 수준이 월등히 높아요. 하버드는 미술 방면에서도 아티스트와 큐레이터를 많이 배출했지요.

이러한 예술 활동을 보존하고 양성하는 주체는 바로 보스턴의 시민입니다. 굉장하지요. 특히 '올드 머니'라고 불리는, 산업혁명 시기에 신탁자금(기금)을 조성한 대부호의 후손들이 예술 활동의 후견인 역할을 합니다. 그들은 대개 일을 하지 않고, 한다고 해도 보스턴 미술관 이사라든가 보스턴 교향악단 이사, 교육위원회 위원 같은 명예직으로 일하고 있지요.

어째서 그들이 그런 위치를 유지하는가 하면 매년 신탁자금에서 그쪽 기관으로 기부금을 보내기 때문입니다. 그들의 살림살이는 화려하지 않지만, 아버지가 벤츠를 몰고 어머니가 BMW나 사브를 탑니다. 보스턴 교외에 자리한 마을에서 무난한 살림을 꾸리는 사람들이 꽤 있습니다.

그들이 문화예술을 떠받치고 있지요. 그래서 보스턴 교향악단의 좌석이 시즌 티켓으로 메워지는 겁니다. 무슨 요일의 어떤 좌석은 저 사람이 않는다고 정해져 있어요. 그런 사람들이 지탱하는 사회다 보니 아무래도 호화롭다고 할까, 그래서 부러우냐고 묻는다면 부럽습니다.

보스턴은 미국 서해안이나 뉴욕, 워싱턴DC와는 또 다른 특수한 지역입니다. 그곳에 있는 하버드와 MIT는 포기하기 아까워요.

선택지는 미국만이 아니다

테후 미국에 가는 편이 낫다는 이야기는 사실 2년 반 전부터 여러 분께 들었습니다. 에버노트의 호무라 씨를 비롯하여 수감되기 전의 호리에몽에게도 듣고, 나중에는 루스 대사도 미국으로 가라고 말씀하셨고요. 한때는 의욕이 넘쳐서 시험 삼아 SAT를 치러볼 정도였습니다.

그러다 문득 정신이 들어서 1년 전에는 평범하게 도쿄 대학교에 가자고 생각했어요. 최근 들어 다시 마음이 돌아섰지만요. 왜 도쿄 대학교를 포기했느냐 하면, 저번에 도쿄 대학교에 견학하러 가서 이곳저곳 소개를 받으며 둘러봤는데 아무래도 안 되겠다 싶더라고요. 일본 대학교 가운데 관심이 가는 곳은 게이오 대학교 SFC 정도밖에 없어요. 현재로서는 일본 대학교를 가게 된다면 여기로 가려고 합니다.

제가 하고 싶은 일을 미국에 가야만 할 수 있는지도 무지 고민했어요. 저는 컴퓨터와 예술이 똑같이 좋습니다. 양쪽을 다 전공하고 싶어요.

스스로 아티스트이기를 자처하는 사람이 반드시 미국에 가야 할 필요가 있을까요? IT를 전공하고 싶다면 역시 미국이 낫겠지만요.

무라카미 테후 군은 자기가 무엇이 되고 싶은지 아직 모르는 모양이군요.

테후 모르겠습니다.

무라카미 그렇구먼. 선택지가 미국뿐이냐고 묻는다면 내 대답은 'NO'입니다. 알기 쉽게 예를 들자면, 자동차를 만들고 싶은 사람은 이탈리아에 가는 편이 낫습니다. 밀라노 공과대학교에서 날렵한 자동차를 만들겠다는 각오로.

미술이라면 뉴욕보다 파리, 음악이라면 빈이나 잘츠부르크에 가는 게 낫다는 의견도 있지요.

하지만 미국 물이 든 나로서는 미국이라는 국가, 이 자유롭고 쾌활한 기회의 땅에서 주어지는 이점이 크다고 생각합니다. 전 세계의 수재들이 프린스턴에 갈까, MIT에 갈까 궁리하면서 모여들잖아요. 교사도 연구원도 그 안에서 성장합니다. 호불호를 떠나서 이미 현실이 그렇습니다.

테후 정말이지 고민스럽네요. 저는 솔직히 제가 좋아하는 일을 할 수 있는 곳이라면 어디라도 좋습니다. 기업에 소속해서 제가 좋아하는 일을 해도 된다면 그걸로 충분하고, 팀을 이끌고 제 구상을 펼쳐나갈 수 있다면 그걸로 만족해요. 혼자서라도 좋아하는 일이 가능하다면 더 바랄 게 없고요. 제가 진로를 결정하기에 앞서 고려하는 문제는 좋아하는 일로 먹고살 수 있느냐는 점입니다.

젊은이들이 입에 올리지 않는 속내

테후　이건 저를 포함한 저희 학교 학생들이 다 하는 말인데요, 지금 정치는 명백히 젊은이에게 불리하지 않나요? 청년층을 못살게 굴어요. 일본사 수업에서 근 50년간의 일본 재정 정책에 관한 데이터를 제시하고, 앞으로의 일본을 구할 정책을 생각해 보자는 과제가 있었거든요. 그때 나온 아이디어가 '선거권 박탈'이었습니다. 55세가 되면 선거권을 뺏어야 한다는 의견이었죠. 이런 정책은 무리겠지만 그런 생각마저 들 만큼 지금 정치는 이상합니다.

무라카미　현실은 그 의견과 정반대로 나아가는 중이죠. 60세 정년을 65세 정년으로 늘린다든가. 이것은 노동 인구가 줄고 있으니 노인도 일하게 하자는 취지인데 참 당황스럽습니다. 그보다 먼저 젊은 사람들이 활동할 곳이 없는 상황부터 해결해야 할 텐데.

지금 일본의 기업에서는 아저씨들이 젊은이에게 일을 지시합니다. 알지도 못하면서 두서없이 시끄럽게 말해요. 그러니 50세 이상은 좀 그만둬 줬으면 싶기도 하죠. 물론 그 세대는 자식을 대학에 보내야 해서 돈이 많이 드니까 회사를 그만두라고는 안 합니다. 회사에 다니는 이상 월급도 제대로 지급하고요. 나는 다만 "모르면 입 좀 다물어!"라고 말하고 싶을 뿐입니다. 특히나 현대는 상황이 급변하는 시대니까 못 따라가겠으면 최소한 잠자코 있어 주길 바랍니다. 그런데 자존심인지 오기인지 자꾸 말참견을 하고 싶어 하니 큰일입니다.

원론적으로는 고용상의 연령 차별은 옳지 않습니다. 그러나 현재 상황을 감안하면 한 자리를 두고 두 사람이 경쟁할 때 나이가 어린 사람부터 채용하게 해야 할 판입니다. 그런 강제적인 방식이라도 취하지 않는다면 젊은이가 불쌍하지요. 나다에서는 또 어떤 아이디어가 나왔나요?

테후 정치가에게도 정년제를 도입해야 한다는 의견이 많았습니다. 중국은 이미 그렇게 하고 있지요. 명문화되지는 않았어도 일정 연령이 되면 은퇴하도록 되어 있잖아요. 후진타오도 그랬고. 그에 비해 일본은 아무개 전 지사가 여든 살인데, 그 연세에도 어찌나 정정하신지. 사임 회견에서는 요즘 젊은이에게 활력이 없어서 국정에 나온다고 하셨지요. 그렇게 말씀하는 본인이 원인을 제공한 분이시면서.

무라카미 그러게 말일세.(웃음)

테후 편견인지도 모르겠으나 60~70세 이상인 1세대가 일본을 엉망으로 만들어 놨기 때문에 지금 미래가 불투명한 상황이 온 듯싶습니다. 선거권에 20세라는 하한선을 두었다면 70세라는 상한선도 같이 두었으면 좋겠어요. 그러면 결국 정치가란 표를 노리는 사람이니까 정책도 당연히 투표권을 가진 사람들에게 유리한 방향으로 기울 것이고, 이에 따라 점차 고령자가 국회를 그만두게 되어 연금도 오르고 생활보조금도 늘지 않을까 합니다.

무라카미 태어나서 20세가 될 때까지 선거권이 없으니 여기에 맞춰 상한선을 두면 되겠네요. 지금 0세 유아를 기준으로 평균수명이 80세라고 치면, 20년까지는 무리더라도 한 10년쯤 깎아서 70세에 선거권을 박탈합시다. 뭐 20년도 무관하려나. 그럼 60세. 피선거권도 포함입니다.

테후　노인이 잘못했다는 식의 사고방식을 옳다고 하기는 어렵지만, 현실을 고려하는 측면에서 저도 반대하지 않습니다.

홀대받는 화이트칼라의 생산성

무라카미　테후 군은 대기업에 들어가겠다는 생각은 안 해 봤나요?

테후　딱 한 번 있습니다. 롯폰기 힐스 같은 곳은 내부로 들어가기 전에 개찰구에서 사원증을 갖다대면 '삐빅' 하잖아요. 그게 근사해서 해 보고 싶었어요. 이제는 몇 번이고 지나다녀 봐서 질렸지만요.(웃음) 그 이후로는 아무런 동경도 없습니다. 롯폰기 힐스는 여전히 멋지다고 생각해요.

하지만 구글이라면 이야기가 다릅니다. 대기업이라지만 젊은이들이 많아서. 무라카미 선생님께서는 일본의 대기업에 대해 어떻게 생각하십니까?

무라카미　일본의 기업이란 예나 지금이나 사원의 시간을 사들입니다. 그 증거로 출퇴근 정시가 '9시부터 5시까지'라는 점을 들 수 있습니다. 앞으로 등장할 새로운 회사는 사원이 몇 시부터 몇 시까지 일하는지는 궁금해 하지 않을 겁니다. 대신 시간을 어떻게 운용하든 '이런 목표를 세워서 이것을 해주면 충분하다'고 말하겠지요. 평가도 이렇게 바뀌어야 합니다. "철야해서 했습니다." 하면 "뭐하러 그렇게 하냐!"라고 지적하고, "1시간 만에 했습니다." 하면 "대단하구만." 하고 칭찬하도록. 그러나 일본의 전통 기업은 안 그렇지요.

테후 일본은 시간당 잔업수당을 얼마 줄 테니 더 일하라고 채찍질하는 시스템이지요.

무라카미 맞습니다.

테후 일을 하고 또 해도 시간이 모자랐다는 고도 경제 성장기의 시스템을 여전히 사용하고 있는 것 같아요.

무라카미 노동의 기준이 공장 노동자입니다. 화이트칼라의 생산성을 고려하지 않아요.

테후 업종이 문제라는 말도 있더라고요. 예컨대 나다 고등학교의 선생님들은 타임카드가 없어서 수업이 있는 날만 나오면 되거든요. 이런 경우는 드물겠지요.

무라카미 좋은 시스템이로군요. 나다의 교사와 학생이 모두 우수하기에 성립되는 방식입니다. 이것이 다른 학교에서는 불가능한 이유는 일본 교육제도의 문제라든가, 교원 양성 과정의 문제 같은 다양한 현안이 얽혀 있기 때문이겠고. 좌우간 일본의 일반 기업에서 시간을 파는 형식으로 노동을 제공하는 업종은 대개 공장 노동과 서비스업입니다. 그쪽은 화이트칼라와 반대로 정해진 노동 시간을 무시하는 블랙 기업이 문제가 되지요. 그러니 어떤 일이든 시간을 기준으로 하는가, 그렇지 않은가를 구분해서 봐야 합니다.

인류는 국가주의를 극복할 수 있는가

테후 일본 언론이 말하는 내용을 듣고 인터넷상에서 사람들이 반증을 제시하며 제동을 거는 일이 있습니다. 그야 당연히 그럴 수 있지만 인터넷에서 의도보다 더 과격한 방향으로 나아가는 경우가 있어서 무섭습니다. 이런 현상을 보면 인터넷이 나쁜 영향을 파급한다고 느껴지기도 합니다.

무라카미 넷우익이 그 전형이지요.

테후 네. 이를테면 한국에서 무슨 일이 일어나면 인터넷의 또래들이 한국에 대한 차별적인 발언을 쏟아냅니다. 같은 고등학생이라는 사실이 믿기지가 않아요. 인터넷에 중독된 사람이 많습니다.

그런 발언을 하는 사람들은 아마 무슨 일이 있어도 자기가 병사로서 전장에 나갈 리 없다고 우습게 여기는 듯합니다. 앞으로 10~20년이 지나 성장한 그들이 일본을 이끌어가겠지 생각하면 오싹해요. 인터넷은 그야말로 양극단의 움직임이 일어나는 공간 같습니다.

무라카미 인류는 아직 국가주의를 극복하지 못하고 있습니다. 그냥 '나'로만 생각하면 좋을 텐데 그것이 곧 '우리'가 됩니다. '우리'라는 개념은 다시 '일본인'이라든가 '일본을 지킨다'는 발상으로 번지지요. 내가 무시를 당하면 '나' 수준에 그쳐야 하는데, 일본인인 내가 무시를 당했으니 이는 곧 일본인 전체가 무시당한 것이나 다름없다는 듯이 여기지요.

테후 미국에 간 일본인은 어떻습니까?

무라카미　미국에 유학하거나 체류한 일본인은 완전히 둘로 나뉩니다. 하나는 콤플렉스가 역전되어 미국인은 바보라고 말하는 부류. 다른 하나는 나 같은 미국 신봉자. 미국인이 좋고 미국의 국가 이념이 좋다는 쪽이죠.

중국에 간 사람도 마찬가지입니다. 중국인은 반일 교육을 받으니까 일본인이 가면 얻어맞을 줄 알았는데 만나 보니 좋은 사람들만 있더라는 부류와 중국인은 불평만 해대고 행동하지 않는다고 말하는 부류. 완전히 두 갈래로 나뉘지요.

두 대국 모두 찬반양론이 있어요. 어느 쪽이든 자신의 눈으로 직접 보고 경험해서 사고하는 일이 중요합니다.

테후　일본은 자본주의인지 아니면 온건적 사회주의인지 잘 모르겠습니다. 제 감각으로는 일본은 좀 사회주의적이에요. 다들 평온해 보이기만을 원하는 듯합니다. 마치 나라가 빚을 졌는데 외국에 폐를 끼치지 않고 스스로 붕괴해 가는 사회주의 국가 같습니다. 그래도 저는 돈벌이에 윤리를 적용해야 한다는 의견에는 대찬성합니다. 이와 관련하여 무라카미 선생님과 좀 더 구체적인 방향으로 의견을 나누고 싶습니다.

무라카미　그건 내가 가장 잘 대답할 수 있는 부분입니다. 왜냐하면, 이런 말을 듣는 입장이기 때문입니다. "그런 얘기를 하다니 무라카미 씨는 성공한 사람이군." 내지는 "돈벌이에 윤리를 적용하자고요? 옳은 말씀이지만 그거야 당신은 이미 성공했으니까 그런 말이 나오는 거겠죠."

테후　일반인들이 보기에는 좀 그렇게 보일 수도 있겠네요.

무라카미 내 입장에서는 내가 얼마나 고생했는지 아느냐고 묻고 싶은 심정입니다. 결과만 보고 불평하지 말라고 얘기하고 싶어요. 잠자는 시간을 줄여가며 열심히 하면, 서른 살이 넘어서도 영어 한마디 못하던 나 같은 사람도 어떻게든 성공한다고. 나처럼 해보지도 않고 잔소리하지 말라는 이야기입니다.(웃음)

나는 일본 청년들에게 묻고 싶습니다. 자네들은 취업 준비에 애쓰다가도 어떨 때는 자아실현이니 뭐니 떠오르는 대로 토로하는데 본심은 어느 쪽인가. 똑바로 하지.

아, 한 가지 더. 이대로라면 자네들은 다 굶게 된다는 말도. 영어를 못하는 사람이 20년 후 어엿한 직장에 취업하리라는 생각은 들지 않습니다. 머지않아 글로벌 채용 시대가 옵니다. 영어를 술술 말하는 필리핀인이나 의욕 넘치는 영어로 목청을 높이는 베트남인이 함께 면접에 나오는데, 영어도 못하면서 다 안다는 표정으로 시건방진 소리를 하는 일본인을 어떤 기업이 고용하겠습니까.(웃음)

요컨대 일본인끼리 맞붙는 경쟁이 아닙니다. 베트남인, 필리핀인과의 싸움이에요. 다가오는 현실을 직시하지 못하고 장래를 비관한들 걱정의 방향이 틀렸습니다. 현실을 보세요.

일본은 일본어라는 비관세 장벽으로 보호받고 있어서, 국가 내부에 1억 2,000만 명이라는 시장이 있으니 그동안은 일본어만으로도 충분히 먹고살았습니다. 일본어로 말하지 못하는 사람은 취직하기가 어려웠지요. 그러나 이제는 일본어를 더듬거리는 외국인들이 임금 격차를 무기삼아 일본으로 진출하고 있습니다. 지금이야 공장 노동과 서비스업이 주류이지만 이다음은 지적인 분야까지 손을 뻗겠지요.

창의력을 만드는 방법

'꿈'이란 장래 하고 싶은 일

테후　다른 얘긴데 어른들은 종종 꿈이 뭐냐고 묻거나, 꿈을 가지라고 말하잖아요.

　꿈이란 무엇일까요? 깊이 생각하면 복잡하지만, 저는 아주 단순하게 장래에 하고 싶은 일을 꿈으로 설정합니다. 그리고 꿈을 이루기 위해 할 수 있는 일을 시험해 봐요. 해봐서 안 되면 중간에 바꾸면 그만이니까. 그래서 생각을 솔직히 말했더니 그건 꿈이라기보다 목표라는 말을 들었습니다. 저는 사실 꿈이라는 단어에 특별한 의미를 느끼지 않아서요.

무라카미　테후 군의 꿈은 꽤나 구체적인 '꿈'이네요.

테후　저는 그저 꿈을 두 부류로 설정할 뿐입니다. 실현 가능성이 높은 구체적인 꿈과 현시점에서는 실현될지 안 될지 모르는 꿈.

무라카미　어떤 꿈인지 물어도 될까요?

테후　비밀에 부칠 만한 꿈은 아니에요. 실현 가능성이 있는 꿈은 세상 사람들에게 널리 알려질 만한 생산품 혹은 작품 만들기. 현시점에서는 실현될지 안 될지 모르는 꿈은 제가 만든 작품을 가지고 사람들을 행복하게 하고 싶다는 최종 목표입니다.

　유명한 작품을 만들겠다는 꿈은 세상에 저와 동일한 꿈을 꾸는 사람이 차고 넘쳐서 못 이룰지도 모르겠어요. 아무튼 저는 제 나름대로 열심히 해서 꿈을 이루고 싶습니다. 다만, 최종적인 꿈으로 가는 길은 아직 잘 안 보여요. 현시점에서는 그럭저럭 꿈을 향해 잘 나아가고 있다

는 기분은 들지만.

무라카미 꿈을 이루려고 안달할 필요 없어요. 한 발, 1센티, 1미터씩 전진하는 자신의 발자국을 확인하면서 분발하면 됩니다. 한데 작품이라면, 종류를 앱에 한정하지 않는다는 의미인가요?

테후 네. 앱에 한정한 작품은 아닙니다. 그것이 IT일지 다른 무엇일지도 아직 몰라요. 어쩌면 순수 예술 작품일 수도 있겠지요. 저는 원래 예술을 사랑하고, IT도 사랑하니까 두 가지를 접목시킨 작품을 만들고 싶은 마음이 있습니다. 그러니까 그런 작품을 만들 가능성이 가장 높기는 하지만, 어느 날 돌연 마음이 바뀌어 석상을 조각할지도 모르고요. 어쨌든 물건을 만들고 싶습니다. 만들어서 최종적으로는 사람의 마음을 두드리고, 즐거움을 주고 싶어요. 사람들이 웃는 얼굴을 보는 일이 이루 말할 수 없이 좋거든요.

지금까지 다양한 앱을 제작했지만 아직은 제가 만든 앱을 이용한 사

창의력을 만드는 방법

람이 미소 짓는 장면을 본 적은 없습니다. 무언가 더 멋지고 대단하고 싶습니다.

무라카미　사람을 웃게 하고 싶은 이유는 뭔가요?

테후　왜냐고 물으셔도 대답하기 곤란해요. 저는 그냥 그게 좋아요. 사람들이 웃는 모습을 보면 즐겁고, 스스로도 무척 치유돼요. 이런 단순한 이유이기 때문에 정확한 까닭은 골똘히 생각하지 않는답니다.

더 나은 사회를 만들고 싶다는 마음

무라카미　내가 테후 군 나이였을 때는 학생운동을 했습니다. 거대한 주제로서 베트남 전쟁에 반대하는, 반전反戰이라는 세계적인 과제가 있었지요. 또 나는 혁명적 공산주의자 동맹이라는 좌익 그룹에 있었는데 사상적으로는 트로츠키즘, 스탈린과 마오쩌둥도 타도의 대상이었습니다. 말하자면 철저한 이상주의였어요. 소비에트 연합과 중국 공산당은 우리들이 이상으로 여기는 사회주의가 아니었습니다. 순수한 사회주의를 실현하려면 소비에트 연합도 중국도 제2혁명을 하지 않으면 안 된다는 논리였다고 할까.

그러면 우리는 왜, 무엇을 위해 운동했는가. 시골 출신 수재이자 가난한 학생이던 우리들 자신이 학비를 벌면서 학문을 배워야만 했기 때문입니다. 세상은 불평등하며, 공부를 하고 싶어도 그러지 못하는 환경에 처한 청년들이 우리 외에도 많이 있다고 생각했어요. 일종의 평등주의 같은 이상적인 사회를 만들고자 했습니다. 우리들에게 있어서는 그것이 '꿈'이었어요.

결과적으로 보면 우리들은 사상이 미숙했고, 행동 방식도 서툴렀습니다. 경찰관에게 무참히 당했지요. 그리고 나서 태도를 백팔십도 전환했습니다. 세계에서 유일하게 성공한 사회주의 국가인 일본을 보다 순수한 자본주의로 진화시키자면서.(웃음) 무슨 혁명적 자본주의자 동맹처럼 변했지요. 그 마음은 지금도 여전합니다.

그 마음이란 어떤 마음인가. 사회를 최소한 기회가 평등하게 주어지는 사회로 이끌어야 한다는 겁니다. 전향했을지라도 마음속 깊이 간직한 꿈이랄까요. 나는 이 마음을 앞으로도 변하지 않고 지켜갈 셈입니다.

내 두 번째 꿈은 인공지능입니다. 〈2001 스페이스 오디세이〉*에 나왔던 할HAL9000이라는 컴퓨터의 도달 지점을 알아챘거든요. 그것은 바로 자의식을 가진 컴퓨터, 인공지능입니다. '나'라는 건 인간조차도 한마디로 설명하기 어려운데 그 개념을 실리콘 위에 실현할 수 있을까요? 내가 살아 있는 동안에는 실현하지 못할지라도 그와 관련된 일에 종사했으면 하는 바람이 꿈이라면 꿈입니다.

테후 평등한 사회와 인공지능이 꿈이시라니, 저에 비하면 아주 또렷한 목표이자 꿈이네요.

무라카미 세대가 세대다 보니 그런 듯싶어요. 나는 1947년 출생한 단카이 세대**이자 학생운동 세대니까요.

★ 〈2001 스페이스 오디세이〉 : 1968년 공개된 스탠리 큐브릭 감독의 미국/영국 영화. 큐브릭과 SF작가인 아서 C. 클라크의 아이디어에서 탄생했다. 달에서 발견된 수수께끼의 물체 '모놀리스(monolith)'의 조사를 계기로 인류 진화의 진상에 다가가는 이야기이다.
★★ 단카이 세대(団塊の世代) : 1948년을 전후로 출생자가 많아서 연령별 인구 구성상이 두드러지게 팽대한 세대.

창의력을 만드는 방법

'옛날이 좋았다'는 거짓말

무라카미 지금 한 반에 몇 명인가요?

테후 60명입니다.

무라카미 아이고, 많기도 하지.

테후 교실에 학생이 빽빽합니다. 좁아요. 저희가 좁다고 투덜대면 일본이 가난했던 시대의 정신을 되새겨 보라고 말씀하는 분도 계십니다. 고도 경제 성장기의 열의가 지금 시대에는 부족하다면서요. 이러한 사고방식에 대해서는 어떻게 생각하세요?

무라카미 반대합니다. 내가 맛본 가난이라는 고생을 아이들까지 겪게 하고 싶지 않아요.

옛날이 살기 좋았다는 사람이 더러 있지요. 심지어 에도 시대까지 거슬러 올라가는 사람도 있습니다. 나로서는 이렇게 말하고 싶군요. 착각도 유분수다.

막부 말기 일본을 방문한 외국인 여행자가 "일본인은 깔깔 웃으며 즐겁게 생활한다. 청결을 유지하고, 말쑥한 옷을 입는다."라고 쓴 기록이 남아 있기는 하지만, 그야 계절이 좋을 때 왔으니 그럴 수밖에. 훈도시[*] 한 장 달랑 걸친 가마꾼이며 단벌 무명옷을 입은 농민이 더운 여름은 그렇다손 치더라도 차디찬 겨울을 어찌 지냈겠습니까.

★ 훈도시(褌) : 일본의 남성용 전통 속옷. 좁고 긴 천으로 국소만 가린다.

에도 시대든 우리가 꼬마였던 전후 시대든 똑같습니다. 촌락 공동체에 일체감이 있던 과거 시대로 돌아가자고요? 웃기는 소리지. 가봤자 모자란 식량을 서로 나누어 먹으며 연명할 뿐입니다. 결코 안락하지 않아요. 그런 사고방식은 부정합니다.

따라서 나는 다가올 시대를 맞이하여 철저한 영어 학습과 월반 제도, 엘리트주의를 마땅히 교육에 도입해야 한다고 생각합니다. 그러지 않으면 현재의 풍요를 잃어버립니다. 혁명적 자본주의자로서 내 바람은 현 사회를 유지하고, 나아가 더욱 행복한 삶을 누릴 수 있는 사회를 만드는 것입니다.

테후 선생님과는 조금 다른 관점에서 저도 헝그리정신을 찬양하지 않습니다. 풍요로운 환경 속에서만 생겨나는 것도 있으니까요.

잡스에게도 헝그리정신은 있었을 테지만 그것은 가난에서 비롯된 욕구와는 다른 종류의 허기라고 봅니다. 혁신적인 제품을 출시해 사회를 바꾸고 싶다든가, 새로운 무언가를 생산해내고 싶다는 허기였겠지요.

게다가 가난한 사람들은 헝그리정신이 있어서 장래 성공한다는 말도 일률적으로 적용되지 않고요. '허기'와 '빈곤'은 다르잖아요.

세상에는 풍요로운 환경에서만 떠올릴 수 있는 발상도 존재합니다. 만일 잡스가 미국의 불우한 아이였다면 스마트폰 같은 제품은 떠올리지 못했겠지요.

젊은이의 꿈을 짓밟는 어른들

테후　지금은 옛날의 과거 문제가 사라지고 다만 경기가 나쁜 상황입니다. 이러한 환경 속에서 저희는 공부에 집중할 수 있고, 원한다면 꿈도 꿀 수 있습니다. 운이 좋은 세대지요. 그런데 왜일까요? 꿈을 짓밟은 어른들이 계십니다. 저희가 꿈을 말하면 "내가 겪어봐서 아는데 그건 불가능하다."라고 말하는 어른이 꼭 계세요.

나다 고등학교를 졸업한 업계의 높은 분을 만났을 때 "자네 꿈은 뭔가?"라는 질문을 받았습니다. 당시 꿈은 아직 순수하게 컴퓨터와 관련된 것이어서 솔직히 대답했더니 한마디 하시더라고요. "그건 무릴세." 저로서는 "아, 그런가요." 하고 대답할 수밖에 없었죠.

무라카미　이해가 안 가는 소리군.

테후　저도 의미를 모르겠습니다. 한 번 더 그 분을 찾아가 묻고 싶을 정도예요. "지금 고등학생들이 무슨 생각을 하는지 궁금하니 자네의 현재 꿈을 알려주게나."라고 말씀하셔서 정말로 솔직하게 대답했거든요. 빤한 얘기겠으나, 일단은 지금 앱을 만드는 작업이 순조로우니까 이대로 계속해서 장차 다른 사람에게 도움이 되는 소프트웨어를 제작하고 싶다고. 그분께서는 "내가 자네와 달리 줄곧 신문이나 보도 쪽 일을 해오긴 했지만, 내 감각으로는 자네가 꿈꾸는 일은 무리라네."라고 하시더군요. 너무 황당해서 따져 묻지도 않고 넘겼어요. (웃음)

무라카미　물어봐야 말이 안 통했을 테지.

테후　그분만큼 노골적이지는 않더라도 이런 분이 의외로 많아요. 예를 들면, 학교에서 하고 싶은 일에 대해 말했을 때 "그건 그거고 지금은 일단 수업에 집중해."라는 말을 예사로 하잖아요. 저희 학교는 안 그렇지만요.

설마 수험을 치르고 대기업에 입사해 돈을 벌겠다고 대답하길 바라기라도 하시는 걸까요? 그냥 돈을 벌 목적으로 의사가 되는 사람도 많잖아요. 그런 현실을 보노라면 어려서 꿈을 가져보지 못하고 자라난 어른이 꿈꾸는 아이를 짓밟는 것처럼 느껴져요. 물론 다른 어른이 아닌 자기 부모에게 짓밟힌 사람도 있겠지요.

무라카미 좀 이해하기 어렵군요. 부모가 그런다는 부분은 나도 무죄라고는 못 하겠지만. 역시 내 자식이라고 생각하면, 아이가 괜한 모험을 하지 않고 큰 고생 없이 살아가기를 바라게 되니까요. 부모된 입장에서 지레 걱정할 따름입니다. 하지만 그런 심리를 고려해도 이해가 안 갑니다. 처음 만난 젊은이의 꿈을 짓밟는다니 말도 안 되지요.

테후 어쩌면 그분들은 나름대로 진지하게 현실을 파악하고, 진심으로 저희 꿈이 불가능하다고 느꼈기 때문에 찬물을 끼얹는달지, 현실에 눈뜨게 해주고 싶으셨는지도 모릅니다. 그렇지만 과연 꿈을 현실적으로 생각해야 할까요? 큰 꿈을 꾸면 안 되나요? 고민스럽습니다.

무라카미 적어도 고등학생 때까지는 어떤 꿈을 꿔도 좋아요. 대학생이 되면 아무래도 마냥 꿈만 꾸기는 어렵겠지마는.

테후 저는 초등학생 때부터 부모님께 의사가 되라는 말을 듣고 자랐어요. 20년 후에는 네가 우리를 봉양해야 한다는 이야기도 함께 들었고요.

무라카미 대체로 부모와 자식 간의 갈등이란 그런 데서 시작되기 마련이지요.

테후 무라카미 선생님께서는 알고 계실 듯한데, 홋카이도에 있는 민간 공장에서 로켓을 만든답니다. 우에마쓰 쓰토무* 씨라는 분이 계셔서요. 수학여행으로 홋카이도에 갔을 때 저희 선생님이 저희들 모두 인솔해서 우에마쓰 씨에게 데려가 강연회를 열어 주셨습니다. 그때 우에마쓰 씨께 꿈을 여쭈었더니 '로켓 만들기'라는 꿈은 이제 거의 달성했다면서, 지금 가장 바라는 꿈은 아이들 사이를 떠도는 '어차피 무리'라는 구호를 없애는 일이라고 말씀하셨습니다.

무라카미 이야, 멋지군!

테후 그 말씀을 듣자마자 '그거다!' 싶었어요. 저는 아직 '어차피 무리'라는 생각과 맞닥뜨린 적이 없지만 제 주변에도 그런 분위기가 만연하거든요. 단순히 불경기네, 취직을 못 하네 정도가 아니라 자신의 꿈에 대해서도 심각하게 '어차피 무리'라고 말해요.

　제가 아는 사람 중에는 제빵사를 꿈꾸다가 어차피 무리라며 체념하고는 결국 사무원이 된 경우도 있어요. '어차피 무리'라는 구호가 젊은 세대에 무척 만연한 것 같아요. 정말 그 구호를 없앨 수 있을까요? 무라카미 선생님은 어떻게 생각하세요?

★ 우에마쓰 쓰토무(植松努, 1966~) : 우에마쓰 전기(植松電機) 이사이자 카무이 스페이스 웍스(CSW) 대표이사. 플라스틱(폴리에틸렌)을 연료, 액체산소를 산화제로 이용하는 카무이(CAMUI) 로켓의 개발을 민간 주체로 진행하고 있다.

무라카미 '어차피 무리'고 나발이고 그게 다 지금껏 일본에서 표준으로 여겨온 생활방식이 붕괴된 결과입니다. 좋은 대학을 졸업하고 좋은 회사에 들어가 근무하면 어떻게든 살게 되면 사회가 붕괴했음에도 불구하고, '어차피 무리'라며 제빵사 대신 사무원이 되는 태도는 이미 붕괴한 가치관을 답습하는 데 지나지 않아요. 매우 유감입니다.

타산적으로 생각해도 지금은 월급쟁이보다 제빵사가 나을 수 있습니다. 회사 근무를 하는 편이 더 안전하다는 인식은 낡은 사고방식입니다. 오히려 제빵 일을 견실하게 하는 편이 훨씬 안전합니다. 그러니 이 경우는 '유감' 수준을 넘어 '잘못'을 저지른 셈이지요.

입신 출세주의의 한계

테후 그렇기는 해도 여전히 사회적인 압력이 있잖아요. 그 길이 훌륭하다고 강권하죠.

무라카미 그런 압력이 어디로부터 올까요? 도쿄 대학교 법학부를 졸업해 대장성에 들어가는 길이 제일이라는 곰팡이 핀 사고방식에서 옵니다. 아차, 지금은 대장성이 아니라 재무성인가.(웃음) 그다음이 도쿄 대학교 공학부를 졸업해 히타치제작소에 입사하는 길. 좀 영악하게 가면 이과계 중에서도 이과3류를 고르지요. 돈이나 명예 혹은 둘 다를 손에 넣을 심산으로.

메이지 유신 이후 서양을 따라잡아 넘어서자는 근대 일본의 국가적 방향성을 개인에게 그대로 적용하면 입신 출세주의가 됩니다. 구제도 고등학교는 없어졌지만 "입신하고 양명하도록 애쓰자."라는 가사를 담은 졸업식 노래 '우러러 드높은 은혜'의 정신은 건재합니다. 그런 시대에도 노벨상을 수상하고, 순수하게 학문을 추구해온 분도 계시니 덮어놓고 나쁘다고는 못 하지만 사회 전체의 분위기가 입신출세주의로 일관하고 있어요.

고로 도쿄 대학교 법학부란 일종의 과거 시험인 셈입니다. 다시 말해 예비 관리직 시험, 전쟁 전으로 말하자면 고등 문관 시험이지요. 그것은 헌법학을 포함하여 행정법이며 뭐며 전부 도쿄 대학교 법학부의 학설대로 십 년을 하루같이 공책에 받아 적고, 통째로 암기해서 만점 답안을 제출한 사람이 붙는 시험입니다. 창조성 따위는 요구되지 않지요.

에도 시대까지 일본은 막번 체제*, 신분제 사회였습니다. 중신의 자제는 저절로 높은 벼슬에 오릅니다. 최하급 무사는 항상 최하급 무사였고, 녹봉의 액수도 변하지 않지요.

그러다 메이지 유신이 일어나고 최하급 무사가 단번에 천하를 장악하면서 변혁이 일어났습니다. 이제 사회 체계를 어떤 형태로 만들어야 하는가. 이는 학문으로 평가할 수밖에 없다는 흐름 속에서 공무원 제도가 만들어졌지요. 그리고 머지않아 도쿄 대학교 법학부라는 곳에서 관료를 육성한답시고 탈만 바꿔 쓴 과거제도를 만들었습니다. 경제학부와 대기업도 이와 유사한 형태로 맺어진 관계인데 이것이 여태도 붕괴되지 않았어요. 이왕 남에게 의지하려면 힘 있는 사람에게 의지해야 좋다는 말까지 그대로 유지되고 있습니다. 그 말이 틀렸다고 못을 박기는

★ 막번(幕藩) 체제 : 막부와 여러 번이 지배하던 근세 일본의 정치 체제.

어렵지만, 길을 정해두고서 정해진 길을 벗어나는 사람을 부인하는 분위기는 지양해야 합니다. 이제는 자유롭게 살아갈 때가 됐어요.

이러한 입신 출세주의를 일본은 국제사회 속에서도 유지하고 있습니다. 그것이 현재 붕괴하고 있다고나 할까. 중국에게 GDP로 따라잡혔다고 충격을 받는 모습이 상징적이지요. 냉정하게 생각하면 중국 인구가 10배 많으니까 당연히 GDP를 추월할 만하잖습니까. 중국은 모든 것이 발전하고 있는데. 현실을 인정하지 못하고서 중국이 위협적이라며 실태 이상으로 위기감을 느낍니다.

테후 솔직히 저는 공무원 시험과 취직만이 아니라 대학 입시며 고등학교 입시, 더 나아가서는 중학교 입시도 같은 맥락이라고 생각합니다.

무라카미 맞는 말입니다.

테후 그러니까 줄곧 이같은 태도를 유지하며 살아온 사람들은 이제 와서 흐름이 바뀌어 버리면 곤란하다고 느낄 수도 있겠지요. 그렇지만 모든 사람이 과거 시험 보듯 지식을 통으로 암기하고, 지나치게 형식을 중시하고, 특출난 사람을 모난 돌이라며 정으로 쪼는 사회는 무섭습니다. 저도 위험하지 않을까 싶어요.

무라카미 방금 한 말과는 다르다고 느낄지도 모르겠는데, 창조성이란건 허공에서 별안간 튀어나오지 않습니다. 모종의 기본 구조를 이해하고 난 다음에야 발휘되지요.

게임 앱을 제작하는 사람도 물리를 알아야 합니다. 뉴턴 역학의 운동 방정식 같은 기본을 이해하지 못하면 공이 왜 튀는 원리조차 코드로 작성하지 못합니다. '정점이 여기고, 다음에는 이렇게 되서 이 부분의 탄

력도가 이렇고, 반발계수가 이러니까……'와 같은 사고 없이 현실성 있는 컴퓨터 그래픽스는 못 만들지요. 그러므로 반드시 습득해야 할 기본 학문의 많은 부분이 암기력에 의존하는 측면도 없지 않습니다.

그런데 일본은 괴이하게도 간단한 개념을 가지고 복잡한 문제를 풀게 합니다. 이를테면 중학교 입시를 봐서 정수와 소수와 분수를 사용한 사칙연산만으로 얼마든지 해괴한 문제를 만들어 내요. 입시 학원에서는 또 그것을 열심히 풀고. "철교 양측에서 열차가 온다고 할 때 마지막 객차가 스쳐 지나는 위치는 다리의 어느 부근인지 정확하게 답하시오." 따위의 문제는 무의미해요. 그런 문제를 풀 시간이 있다면 아이들의 유연한 뇌에 한시바삐 상위 개념을 가르쳐야 합니다.

우리 가족이 지내던 미국 셋집 주인이 수학 교육계의 거물 같은 사람이었습니다. 책을 많이 집필했지요. 그 사람이 말하기를 "미국 수학 교육의 목표는 이과계 학생을 어떻게 보다 빨리 양자역학에 이르게 하는가."라고 하더군요. 양자역학은 이과 학문의 기초로서 뉴턴역학보다 복잡한 개념입니다.

그런데 도쿄 대학교 입시에 출제되는 물리 문제는 양자역학의 전 단계인 뉴턴역학을 복잡하게 만든 수준에 불과합니다. 복잡한 문제야 얼마든지 만들 수 있어요. 관건은 출제 방향입니다. 양자역학을 목표로 문제를 내야지요. 그저 복잡하기만 한 문제를 죽어라 풀게 해봐야 뇌세포가 파괴될 뿐입니다.

교육 개혁이 나아가야 할 방향

테후 공감합니다. 직접 공부하고 있는 저희가 절실히 느끼는 바에요. 초등학교 때 학원 선생님이 농담으로 하신 말씀에 전원이 찬성했던 적도 있답니다.

초등학교 교재에 나오는 문제를 보면 친근한 다로太郎 군이 등장하잖아요. 다로 군이 이 전차의 속도를 바꾸려고 한다는 식으로 시작하죠. 그러니 다로 군이 존재하지 않는다면 이 문제는 풀지 않아도 된다고 말씀하셔서 다들 크게 고개를 끄덕였습니다.

저희들, 중학교 때 뉴턴역학 공부가 끝났는걸요. 고등학교 범위인 원자물리학은 수준을 낮추어 기초 중의 기초만 공부합니다. 기초 지식밖에 배우지 않으니 지루하다 못해 괴롭습니다. 이 문제를 계속 풀어야 하나 싶어요. 수학도 이와 흡사합니다.

무라카미 그래도 나다는 중학교와 고등학교가 연계되어 있으니, 고등학교 입시가 없는 만큼 득입니다. 고등학교 입시 수학의 2차함수는 원점 단원을 넘어가면 안 되니까 이 범위에서 온갖 복잡한 문제가 다 나옵니다. 오사카 부립 고등학교 같은 데서는 2차함수 진도에서 제자리걸음하죠. 나다는 원점에 머물지 않고 바로 일반식으로 넘어가서 2차함수와 2차방정식의 관계를 배우지요. 근이 두 개니 중근이니 허근이니 하면서 다음 단계로 나아갑니다. 그러나 공립 중학교에 다니는 영리한 아이는 사정이 다릅니다. 넘어가려고 들면 단숨에 다음 내용으로 넘어갈 수 있는데도 정규 교육 과정의 진도에 부딪혀 원점에 머무르며 머리만 혹사당합니다.

테후 달리 방법이 없으니까요. 저희도 대학교 입시만 없다면 아마 6년 동안 선형대학을 배우고, 수학을 미친듯이 공부하고, 물리학도 감탄할 정도로 할 테지요. 양자 정도야 금방 떼겠지요.

무라카미 그래요. 그래서 나는 이렇게 주장합니다.

교토 대학교도 MIT처럼 모든 수업을 유튜브 상에 공개하라. 공부를 잘하는 고등학생들이 있으니 특별 시험을 볼 수 있게 하라. 양자역학에 다다르는 일련의 과정을 공개해 두고, 그것의 선행 학습을 전제로 특별 시험 응시 자격을 부여하라. 해괴하리만치 복잡한 문제를 입시 문제로 출제하지 말고, 수험 대비용 머리가 아닌 원래 머리가 좋은 학생을 뽑아라.

단, 새로운 제도가 생기면 보나 마나 고등학교에서 "너는 이 전형이 유리하니까 그리로 가라." 따위를 지도할 테니, 수험생의 영어 점수는 토플을 요구하라. 이에 더해 양자역학을 위한 수학 문제를 입시로 출제하라. 토플과 입시를 기반으로 선별 방법을 바꿔라. 예컨대 교토 대학교라면 노벨과학상 후보를 불러 모은다는 기치 아래 목표를 명확히 하라.

테후 멋진 아이디어입니다. 나다 고등학교 학생으로서 말하자면, 나다에서는 저마다 뛰어난 학생들이 학교 공부에 만족하지 않고 각자 심화 학습을 하고 있습니다. 물리 시간 내내 책상 밑으로 양자역학 책을 읽는 학생이 있다고요. 그런데 일본에는 이처럼 스스로 하는 공부를 점수로 인정해 주는 제도조차 없어요. 미국에는 AP[*]가 있잖아요.

★ AP : 미국의 AP(Advanced Placement)는 여름 캠프 등의 교과 외 학습을 성적으로 인정한다. 성적을 빨리 따서 올려 월반하거나, 복수 전공 학위를 따는 데 활용할 수 있다.

무라카미   미국에는 상급 과정이 따로 있어서 우수한 아이는 피티에이PTA*와 교사가 협력하여 대학교에 보냅니다. 고등학교 수업으로는 만족하지 않으니까. MIT나 하버드처럼 AP를 인정하는 대학교로 일찌감치 보내죠.

아, 현실이 이러한데 아직도 경직되어 있는 문부과학성을 어찌하면 좋으리까. 다행히 요즈음은 인터넷상의 공개 강좌를 활용해 공부할 수 있습니다. 일본 학교가 영어로 수업을 못 한다면 고등학교부터는 유튜브를 보며 앞으로 나아가세요. 그런데 일본에는 이것을 인정하는 대학이 없고, 일률적으로 입시를 부과하지요. 그래서 입시를 돌파하기 위해 공부에만 몰입하게 되지요. 이제 됐어요. 그런 일은 그만해요. 미국 대학교에 가면 좋습니다..

★ 피티에이(PTA, Parent Teacher Association) : 교육 효과를 높이기 위하여 가정과 학교가 서로 긴밀한 관계를 유지하며 협력하는 민간단체. 세계 각국에 널리 보급되었다.

CHAPTER

| 테후의 생각 |

결단 :
나는 사람의 마음을
움직이는 작품을 만든다

이키모노가카리의 라이브를 보고 결심한 장래 목표

　2010년 여름에 3인조 혼성 그룹인 이키모노가카리의 라이브 무대를 보러 갔습니다. 이때 받은 감동이 지금의 저에게 영향을 주었답니다.

　고베 월드기념홀에서 열린 〈여러분, 안녕하세요!! 2010~뭐든지 아레나〉라는 공연이었는데 상당히 즐거웠어요.

　때마침 이키모노가카리가 처음으로 연출에 힘을 쏟은 공연이었던지라, 무대 뒤에 수백 인치에 달하는 거대한 화면이 가로로 길게 설치되어 있었습니다. 압도적이었습니다. 소름이 돋을 만큼 굉장했어요. '이런 게 연출의 힘이구나!' 하고 놀랐습니다.

　그즈음부터 '나의 최종 목표는 단순한 소프트웨어 제작이 아니라 사람을 즐겁게 하는 일'이라는 의식이 생겼습니다. 공연 관람을 계기로 디자인과 연출도 차근차근 해보기로 결심했고요.

아티스트들에게 받은 자극

제 사이트의 공식 프로필에는 "취미 : 아이돌(응원하는 멤버는 모모이로클로버Z의 리더 모모타 가나코, AKB48의 요코야마 유이, HKT48의 사시하라 리노)."라고 적혀 있습니다. 〈올 나이트 니혼〉에서도 AKB48을 화제에 올리곤 하는데, 아이돌에게 흥미를 가진 시기는 그리 오래지 않았습니다. 더구나 완전히 친구들에게 영향을 받았어요. 팬미팅에 다니는 친구가 있어서 처음에는 놀렸는데 어느새 저도 빠지고 말았거든요.

사실 아이돌의 퍼포먼스는 그냥 그래요. 퍼포먼스보다는 텔레비전의 개그 프로그램에 나오는 멤버들을 보고 빠져 버렸습니다. 그러니까 그룹이 아니라, 그룹에 속한 개인 멤버에게 빠진 셈이지요. 'AKB48 멤버 중에서도 저 사람은 재미있네, 저 사람 재밌다!' 하는 식으로요.

2012년 8월에는 도쿄 돔에서 열린 AKB48의 콘서트에도 갔어요. 안타깝게도 '도쿄 돔'이라는 상자가 엄청나게 크다는 감상이 전부였습니다. 오히려 3인조 여성 그룹 퍼퓸의 라이브 무대를 보았을 때 감동했습니다. 퍼퓸이란 그룹은 엄청나다고 느꼈어요. 연출이며 소리, 영상, 빛, 특수 효과에 돈을 아낌없이 들였구나 싶었지요. 생생한 감동이 마음속 깊은 곳까지 와 닿았습니다. 최근에 참여한 연극에서 연출을 맡았을 때 퍼퓸의 무대 영상에 쓰인 표현 기법을 무의식중에 도입하기도 했을 정도로요.

그밖에 지금 주목하는 사람은 음악 프로듀서인 마에야마다 겐이치* 햐다인입니다. 햐다인에 대한 마음은 잡스에 대한 마음과는 좀 달라요.

　　　　　　　　　　　　창의력을 만드는 방법

줄곧 동경하던 스티브 잡스가 세상을 떠난 후 어떤 목표와 같은 인물은 저에게서 사라졌습니다. 햐다인은 목표라기보다 이상형에 가까워요.

햐다인은 니코니코 동화에 발표한 작품이 인기를 모으면서 메이저에 진출했습니다. 굉장하지요. 명문 사립 고등학교 출신으로 교토 대학교를 나왔다는 점에도 친근감을 느낍니다.

창작자로서 집에 틀어박혀 곡을 만드는 데 그치지 않고 방송에 출연하는 열린 태도도 좋고요. 이상적인 삶의 방식이라고 생각합니다. 그래서 제 방에는 아이돌 포스터 대신 햐다인을 모델로 찍은 타워레코드의 〈NO MUSIC, NO IDOL?〉의 포스터가 붙어 있습니다.

앱과 소프트웨어, 그리고 영상으로

현재는 앱이라는 단어가 널리 퍼졌으나 이전까지는 계속 소프트웨어 혹은 소프트라고 불렀지요. 하지만 소프트웨어와 앱은 이미지가 꽤 다릅니다.

앱은 손쉽게 만들고, 가볍게 다운로드할 수 있습니다. 개인적으로는 모든 사람이 사용해 주기를 바라는 쪽이 앱이고, 어디까지나 제작자의 목적을 달성하고자 만들어 사용하는 쪽이 소프트웨어라고 내심 정의하고 있습니다.

★ 마에야마다 겐이치(前山田健一, 1980~) : 음악 제작자로서는 마에야마다 겐이치, 가수 및 탤런트로서는 '햐다인'이라는 명의로 활동한다. 니코니코 동화에 햐다인이라는 이름으로 게시한 음악이 반향을 불러일으켰다. 모모이로클로버 및 모모이로클로버Z에게 곡을 준 것으로도 유명하다.

저는 앱이 더 좋습니다. 다른 사람도 함께 즐겁기를 바라는 마음이 뚜렷하게 드러나는 건 앱이라고 생각하기 때문입니다.

앱을 사용하기는 쉽지만, 앱 개발을 본업으로 삼기는 쉽지 않습니다. 앱만으로 먹고 살 수 있는 시대는 2년 전에 끝났습니다. 앱이 간단히 만들어지는 만큼 그 숫자가 불어나 경쟁률이 높아졌어요. 취미로는 좋을지 몰라도 돈을 버는 수단으로서는 유효하지 않다고 봅니다.

제가 지금 주력하는 방향은 앱 제작보다도 영상을 활용하는 작업입니다. 사람에게 즐거움을 주는 영상이란 무엇인지 매일 골똘히 생각하고 있습니다.

간단한 영상이 아니라 최신 표현 기법을 도입한 작품을 만들고 싶어요. 전에 도쿄 역 개장을 기념해 열린 오픈 이벤트에서 시선을 사로잡은 프로젝션 맵핑*처럼요.

물론 그 정도로 규모가 큰 작품은 당장 만들 수 없어요. 제 나름대로 개성을 발휘한 영상이라면 또 모를까. 실은 저희 학교에 가노 지고로 선생의 동상이 있는데, 그분을 소재로 삼은 작품을 구상하고 있습니다.

유도의 창시자인 가노 지고로 씨는 1940년 개최가 예정되었다가 취소된 환상의 도쿄 올림픽을 추진하려던 사람이기도 합니다. 그것과 연관을 지어서 2020년 도쿄 올림픽을 주제로 한 작품을 만들 수 있을 듯싶습니다.

아까 말씀드렸다시피 아직은 구상하는 단계지만요. 달리는 고지로

★ 프로젝션 맵핑(Projection Mapping) : 대상물 표면에 빛으로 이루어진 영상을 투사하여 변화를 줌으로써, 현실에 존재하는 대상이 다른 성격을 지닌 것처럼 보이게끔 하는 기술.

씨의 동상 주변으로 올림픽 영상이 흘러가는 작품을 만들어보고 싶습니다.

앱이든 영상이든 저로서는 어느 것이나 다른 사람에게 즐거움을 주고, 그들이 미소 짓기를 바라는 마음에서 만드는 것입니다. 이에 부합하는 작품이라면 형태야 어느 쪽이든 관계없습니다.

무라카미 선생님의 추천을 받고

무라카미 선생님께서 미국 대학교를 추천하셔서 마음이 흔들렸으나 제가 하고 싶은 일을 고려하면 현시점에서는 일본에 있는 편이 낫다고 결론을 내렸습니다. 하지만 어느 날 문득 생각이 바뀌면 10년 뒤에는 미국에서 일하고 있을지도 모릅니다.

컴퓨터과학을 전공한다면 100퍼센트 미국에 가는 편이 낫습니다. 다만 예술 분야로 나아간다면 선택지는 미국에 한정되지 않아요. 대중문화와 같은 분야는 일본이 발달했고, 고전예술은 역시 유럽이 좋겠지요.

무라카미 선생님께서 미국 대학교를 추천해 주신 의견은 제 결론과 상관없이 전적으로 옳다고 생각합니다. 선생님처럼 IT 업계에 오래 몸담으며 인공지능을 둘러싼 움직임과 밀접하게 관계를 맺어온 분이 자신의 체험을 바탕으로 권유해 주셨으니 당연합니다.

미국에서 공부하고 싶은 마음이 아예 없지는 않아요. 시기의 문제일 따름입니다. 지금이냐, 나중이냐.

지금 미국에 가야 하는 이유는 고등교육을 영어로 받아야 하기 때문이라고 무라카미 선생님께서는 말씀하셨습니다. 장래 희망이 미국에서 컴퓨터 관련 직업을 갖는 사람이라면 그 말씀이 지당합니다. 그러나 예술을 하는 사람이라면 반드시 고등교육까지 받을 필요는 없겠지요. 예술을 표현하는 데 있어서는 고등교육이 필수가 아니니까요. 그러므로 영어 고등교육의 필요성은 분야에 따라 다르다는 것이 제가 내린 결론입니다.

같은 논리로 이 책을 읽은 갖가지 분야의 사람들이 너나없이 미국 대학에 가겠다고 생각하지 않았으면 해요. 그건 바람직하지 않습니다. 미국에서 얻을 수 있는 이점만을 생각하지 마시고, 일본을 떠남으로써 잃는 무언가가 있다는 점도 상기해 주시길 바랍니다.

제 경우는 '대학'이라는 기준을 가지고 두고 미국과 일본을 천칭에 달았을 때 일본 쪽으로 기웁니다. 일단 현시점에서는요.

수십 년에 한 번 도래할 변혁기를 지켜보고 싶다

현재 일본은 20년에 한 번쯤 도래하는 절묘한 5년을 맞이한 상황입니다. 제가 일본에 있기로 결심한 이유 중 하나는 일본의 미래가 어디로 흘러갈지 직접 봐두고 싶기 때문이에요. 지금 일본에서 일어나는 일들을 마지막까지 지켜보지 않고 미국으로 건너가 버리면 두고두고 아쉬울 듯싶습니다.

일본의 예술과 대중문화는 이상 현상이라고 말해도 무관할 만큼 번성한 상태입니다.

창의력을 만드는 방법

극단적으로 몰아붙이면 허업이라는 비난을 받아도 어색하지 않는 수준이지요. 그런데도 많은 사람이 열광하니 놀라워요. 저는 이런 현상을 나쁘게 여기지 않습니다. 도리어 그렇게까지 비판할 거리는 아니라는 시선으로 좋게 보고 있습니다. 논란의 중심에 있는 아키모토 야스시[*]씨에 대해서도 찬반양론이 팽팽한데 좌우간 그가 발상을 역전한 사람이라는 점만큼은 틀림없지 않나요? 저는 야키모토 씨의 그런 면을 무척 좋아합니다.

음악뿐만이 아닙니다. 사람에게 즐거움을 제공하는 엔터테인먼트 분야 또한 한시도 눈을 떼기 힘듭니다. 어느 시점에 이르면 아마도 저물기 시작하겠지만 그 전말까지 포함하여 모두 봐두고 싶어요.

프로젝션 맵핑이나 홀로그래피 등 영상을 이용한 여러 표현 기법 역시 발전을 거듭하고 있습니다. 지금껏 화면으로만 봤던 영상을 전혀 다른 공간으로 실감 나게 불러내지요. 3D의 등장처럼 수십 년에 한 번 찾아오는 커다란 변화가 다가오고 있음을 느낍니다.

저는 일본의 대중적인 표현 기법과 사고방식이 좋아요. 아마 일본에서 태어났기 때문일 텐데 미국의 것보다 훨씬 마음에 듭니다. 그러므로 저는, 지금은 일본에 있겠습니다. 하지만 미국이 낫다는 판단이 들면 미국으로 갈 거예요. 제가 있어야 할 자리를 찾아 그리로 가고 싶습니다.

★ 아키모토 야스시(秋元康, 1956~) : 일본의 방송작가, 작사가, TV 및 음악 프로듀서, 영화감독. 아이돌 그룹 AKB48과 HKT48 등 여러 프로젝트 그룹의 종합 프로듀서를 맡고 있다.

맺음말

그리고 이제부터

이 책을 손에 들어주셔서 감사합니다. 어떻게 읽으셨는지요? 실례가 안 된다면 제 트위터나 이메일로 감상을 보내주세요. 진심으로 기쁠 거예요. 아직 읽지 않으셨다면 꼭, 저와 무라카미 선생님의 발언에 대해 "나는 이렇게 생각하는데."라고 마음속으로 말하면서 읽어주시길 바랍니다. 제 의견은 물론 무라카미 선생님 의견도 절대적으로 옳을 리 없으니까요.

제가 이번에 이 책을 통해 하고 싶었던 일 한 가지는 우선 '이런 녀석이 있다'고 알리는 것이었습니다. 테후라는 이상한 녀석이 있는데 무언가 재미있어 보이는 일을 한다더라. 이 사실을 한 명이라도 더 많은 사람들에게 알리고 싶었습니다. 나아가 저와 같은 생각을 하거나 같은 일을 해보고 싶다고 느껴줬으면, 행동하는 사람들이 점점 늘어났으면 좋겠습니다.

저는 지금까지 줄곧 혼자서 앱을 만들고 유스트림에서 방송을 해왔습니다. 좀처럼 동지가 늘지 않아요. 특히 같은 또래가 적다는 점이 늘 유감스러웠어요. 그렇지만 누군가 이 책을 읽고 '나도 할래!' 혹은 '나도 해보고 싶다!'라고 생각하면 좋겠습니다.

이 책에서 저보다 연령도 실적도 훨씬 높으신 무라카미 선생님과 대담할 수 있어 영광이었습니다. 무라카미 선생님과는 기본적으로는 대화가 잘 통했습니다. 제 또래에는 이 정도로 대화가 통하는 사람은 별로 없어요. 제 세대뿐 아니라 윗세대에서도 무라카미 선생님 같은 분은 귀하고 중요하십니다.

이번 기회에 무라카미 선생님과 대화를 나누며 새삼 이런 생각이 들었습니다. 도쿄 대학교나 교토 대학교만이라도 미국 대학교의 엘리트 교육 시스템을 도입하여, 일본의 젊고 영리한 상위 계층의 인재의 수준을 학력뿐만 아니라 인격과 리더십을 함께 육성해야 합니다.

사회를 떠받치는 대다수의 국민 수준은 일본이 세계 1등이라고 생각합니다. 문제는 이 우수한 사람들을 이끌어나갈 리더가 없다는 것, 그것이 지금 일본을 아우르는 폐쇄성의 원인이 아닐는지요.

종전 이후, 일본은 자본주의의 탈을 뒤집어쓴 사회주의를 정책적으로 실행하여 번영을 손에 넣었습니다. 그러나 당시의 성공에 갇혀 안주하면 현재 상황에서 벗어나지 못합니다. 미래가 없는 상태가 이미 지난 20년 동안 지속되었고, 개선된 점은 아무것도 없습니다. 그렇다면 이제는 무라카미 선생님과 제가 제의하는 종류의 변혁을 한 번쯤 시도해 보면 어떨까요?

일본 언론은 자국의 수상을 맹렬히 비판하면서 미국의 오바마 대통령은 호의적으로 소개합니다. 가만 따져 보면 기묘한 이야기로, 이는 일본이 리더가 없는 채 수십 년을 지냈다는 의미입니다. 우리는 그 이유를 고민해야만 합니다.

오바마 대통령은 분명히 정책과 경력과 실력을 겸비한 걸출한 리더입니다. 하지만 오마바 대통령과 같은 자질을 지닌 사람이 일본에는 정녕 없을까요? 아닙니다. 어딘가에 반드시 있습니다. 인재가 무대에 나설 수 있는 체제를 신속히 정비하지 않으면 때를 놓치고 맙니다.

　제가 그런 리더의 한 사람이 될 수 있는지는 아직 모르겠으나, 저처럼 스스로 다른 사람 앞에 성큼 나서서 "나를 봐!"라고 외치는 사람이 늘었으면 합니다.

　이 책을 읽어주신 분들 중에서 저와 무라카미 선생님처럼 일본 사회의 상식을 벗어나 주어진 궤도를 타파할 사람이 나오기를 바랍니다.

　저도 아직 다 타파하지는 못했습니다. 오늘부터 새로운 길을 열어 보시지 않겠습니까?

테후

창의력을 만드는 방법

초판 1쇄 인쇄   2015년   4월   23일
초판 1쇄 발행   2015년   4월   28일

저자   테후, 무라카미 노리오
옮긴이   (사)한국창의정보문화학회
펴낸이   박정태
편집이사   이명수   감수교정   정하경
편집부   위가연, 전수봉, 조유민
마케팅   조화묵   온라인마케팅 박용대, 김찬영
경영지원   최윤숙
펴낸곳   사이언스주니어
출판등록   2014.11.26 제406-2014-000118호
주소   파주시 파주출판문화도시 광인사길 161 광문각 B/D
전화   031-955-8787   팩스   031-955-3730
E-mail   kwangmk7@hanmail.net
홈페이지   www.kwangmoonkag.co.kr
가격   14,000원
ISBN   979-11-86474-02-0   43400

한국과학기술출판협회회원